乡村空间规划『六诀』

——以中国传统营造理念为基础的规划新理论

吴永常　韦文珊　吴思齐　编著

中国农业科学院农业经济与发展研究所研究论丛（第7辑）

U0320877

中国农业科学技术出版社

图书在版编目（CIP）数据

乡村空间规划"六诀"：以中国传统营造理念为基础的规划新理论 / 吴永常，韦文珊，吴思齐编著 . —北京：中国农业科学技术出版社，2022.11

　　ISBN 978-7-5116-6004-6

　　Ⅰ . ①乡⋯　　Ⅱ . ①吴⋯　②韦⋯　③吴⋯　　Ⅲ . ①乡村规划－研究－中国　　Ⅳ . ① TU982.29

　　中国版本图书馆 CIP 数据核字（2022）第 211890 号

责任编辑　倪小勋　穆玉红
责任校对　李向荣
责任印制　姜义伟　王思文

出 版 者　中国农业科学技术出版社
　　　　　北京市中关村南大街 12 号　　邮编：100081
电　　话　（010）82106626（编辑室）（010）82109702（发行部）
　　　　　（010）82109709（读者服务部）
网　　址　http:// castp.caas.cn
经 销 者　各地新华书店
印 刷 者　北京建宏印刷有限公司
开　　本　185 mm × 260 mm　1/16
印　　张　8.75
字　　数　170 千字
版　　次　2022 年 11 月第 1 版　2022 年 11 月第 1 次印刷
定　　价　60.00 元

————◀▓▓▓◆ 版权所有·侵权必究 ◆▓▓▓▶————

前　言

　　"规划科学是最大的效益，规划失误是最大的浪费，规划折腾是最大的忌讳。"现代乡村空间规划研究体系源于西方科学，我国的乡村空间规划模式从全面照搬西方到因地制宜，走过了反思与创新的发展过程。乡村空间规划具有多学科交叉性、信息化趋势日益增强的特点，研究领域从广度上向全球化拓展，从深度上向农户个体行为延伸，从对象上向非农产业、非农领域渗透，从维度上向空间、信息领域整合。然而，乡村空间规划依然缺乏先进的理论体系、技术标准和规范，同类竞争呈无序状态。随着当代中国经济和社会的不断发展，环境保护与资源平衡的呼声日高，乡村空间规划更加显示出了巨大的社会需求和市场潜力。

　　党的十八大以来，习近平总书记高度重视中华优秀传统文化的传承与弘扬，指出"中华优秀传统文化是我们最深厚的文化软实力，也是中国特色社会主义植根的文化沃土"，中华优秀传统文化以崭新的姿态呈现在世人面前。以"天人合一"为主要宗旨的传统文化理论是寻求天时、地利、人和，达到天人合一的至善境界，以创造良好的居住与生存环境。

　　20世纪以来，"风水学"的研究起起落落走过了低谷和高峰，不论是学者还是百姓逐渐从盲目地破除"封建迷信"和狂热的"风水热"中沉静下来，真正做起了"风水"理论科学研究，研究它作为传统文化的精髓部分，以及不断将其应用到各行各业中，做到"取其精华、去其糟粕"。从国内外研究现状来看，"风水学"理论研究已经被引入现代学科之中，对诸多领域提供了指导性作用。

　　"风水学"中的"地理五诀",凝聚着古代人质朴的地理文化理论体系和知识体系的核心精髓,其主张通过审慎周密地考察、了解自然环境,顺应自然规律并有节制地利用和改造自然,有着地理学、地质学、星象学、气象学、景观学、建筑学、生态学以及人体生命信息学等多学科融合的自然科学理论基础,一直以来在城乡规划建设中发挥着积极的影响。在新型人地关系下,乡村规划地位日益凸显。

　　本书对"风水"理论和"地理五诀"追本溯源,传承创新,探索构建了乡村空间规划实践的指导纲要——乡村规划"六诀"。结合新时代乡村规划更加注重"多规合一"的空间规划内涵,以数字沙盘技术为核心,乡村规划"六诀"沿用传统形势派地理"五诀"中的"龙、砂、水、穴、向",增加了"图"诀,继承发展为"龙、砂、水、穴、向、图",其方法和目标也得到了补充和完善,并赋予新的时代内涵,即:觅龙,龙要真;察砂,砂要秀;观水,水要抱;点穴,穴要吉;取向,向要的;绘图,图要灵。"图要灵"是现代信息技术和地理信息技术在乡村规划方法论创新上的集大成者,生动表现规划的情景是"图诀"的核心要义。

　　乡村规划"六诀",既着眼解决现存乡村空间规划中的问题,也注重结合传统、古为今用,进一步验证中国传统思想及实践的科学性,力图在乡村规划领域开辟出一条兼中华传统与现代科学完美结合的新思路,为乡村振兴战略"一张蓝图干到底"提供重要手段,为建设经济发展和生态文明共同繁荣的"美丽乡村"找到有效的路径,为乡村空间规划实践带来可供参考和应用的指导性技术规范。

目 录

第一章

乡村空间规划概述

一、乡村空间规划的核心概念

（一）乡村

乡村（Rural Areas）是具有自然、社会、经济特征的地域综合体，兼具生产、生活、生态、文化等多重功能，与城镇互促互进、共生共存，共同构成人类活动的主要空间。乡村兴则国家兴，乡村衰则国家衰[①]。本书采用的乡村概念是指城市建成区以外具有自然、社会、经济特征和生产、生活、生态、文化等多重功能的地域综合体，包括乡镇和村庄[②]。

（二）规划

在科技名词解释上，规划（Planning）的基本意义由"规（法则、章程、标准、谋划，即战略层面）"和"划（合算、刻画，即战术层面）"两部分组成，"规"是起，"划"是落；是融合多要素、多人士看法的对某一特定领域的发展愿景，是对未来整体性、长期性、基本性问题的思考、考量和设计整套行动的方案。

在投资工程建设领域，根据社会发展的要求，有不同层次和不同功能的规划，我国的规划由发展规划、城乡规划、土地利用规划等不同规划体系构成。规划具有综合性、系统性、时间性、强制性等特点，规划需要准确而实际的数据以及运用科学的方法进行整体到细节的系统设计。

（三）乡村规划

乡村规划（Rural Planning）是乡村社会、经济、科技等长期发展的总体部署，是指导乡村发展和建设的基本依据。乡村规划根据乡村的资源条件、现有生产基础、国家经济发展方针与政策，以经济发展为中心，以提高效益为前提，其规划内容主要有：①乡村自然、经济资源的分析评价；②乡村社会、经济的发展方向、战略目标及其地

---

① 引自中共中央、国务院印发的《乡村振兴战略规划（2018—2022 年）》。
② 资料来源：《中华人民共和国乡村振兴促进法》，中国法制出版社，第 3 页。

区布局；③乡村经济各部门发展规模、水平、速度、投资与效益；④制定实现乡村规划的措施与步骤。

（四）空间规划

空间规划（Spatial Planning）最早出现于 1983 年欧洲理事会（CoE）的《欧洲区域 / 空间规划宪章》中，是指由公共部门使用的影响未来活动空间分布的方法，它的目的是创造一个更合理的土地利用和功能关系的领土组织，平衡保护环境和发展两个需求，以达成社会和经济发展总的目标。空间规划包含两个层次的活动干预，一类是土地利用的管制（物质 / 土地利用 / 区域规划），另一类是空间政策协调（各部门政策空间维度的协调）。

我国的国家空间规划体系包括全国、省、市县三个层面。党的十八届三中全会通过的《中共中央关于全面深化改革若干重大问题的决定》指出要"通过建立空间规划体系，划定生产、生活、生态空间开发管制界限，落实用途管制"。2015 年 9 月中共中央、国务院颁发的《生态文明体制改革总体方案》进一步要求"构建以空间治理和空间结构优化为主要内容，全国统一、相互衔接、分级管理的空间规划体系，着力解决空间性规划重叠冲突、部门职责交叉重复、地方规划朝令夕改等问题"。

空间规划学是一门科学学科，用地理学措辞表达了有关社会的经济、社会、文化生态政策。同时，它是一种行政技能，拓展一种跨学科的、包罗广泛的方法的一项政策，这一方法依照整体战略引向一种平衡的区域开发、空间的自然组织[①]。

二、乡村规划的发展历程

实施乡村振兴战略是党的使命决定的。建设什么样的乡村、怎么建设乡村，是近代以来中华民族面对的一个历史性课题。实施乡村振兴战略也是为全球解决乡村问题贡献中国智慧和中国方案。以习近平新时代中国特色社会主义思想为指导，特别是习近平总书记关于"三农"工作的重要论述，坚持马克思主义思想工作方法，从历史唯物主义和辩证法的角度分析乡村规划的国内外演变规律（图 1-1），是客观判断乡村规划学科科学性的重要理论依据。空间规划布局思想的关键节点如表 1-1 所示。

---

① 资料来源：欧盟委员会《规划的核心概念》，2003 年。

新时代：乡村衰落
与乡村振兴

2018年：十九大

乡村凋敝之殇——新农村
改革浪潮之后的一片荒芜
建设社会主义新农村

2005年：十六届五中全会

人民公社：乡/镇—公社
经济规划，建设规划

1958—1984年

乡村建设：复兴，改良
理想主义者的"乡村乌
托邦"

20世纪20—30年代

"风水学"：聚落，安居
传统农业社会的安居乐业

封建社会

图 1-1　乡村规划 1.0～5.0 的演变过程及主要特点

（来源：作者自绘）

表 1-1　空间规划布局思想的发展关键节点

时代	节点	代表作或理论体系	重要性
公元前 500 年古希腊城邦时期	提出空间布局建设的希波丹姆（Hippodamus）模式	米列都城的建设	★★
古代中国	《商君书》论述了道路、农田分配及山谷分配比例，分析了粮食供给、人口增长与空间发展规模之间的关系	开创了研究空间布局规划先例；风水学	★★★★
公元前 300 年罗马	空间规划的思想受到军事控制目的影响	营寨的规划模式	★
公元前 1 世纪古罗马	提出了关于空间规划、建筑工程和市政建设的论述	《建筑十书》	★★★
14—16 世纪	组成具有高度艺术水平的空间布局	广场建筑群	★★
16—17 世纪	空间规划设计思想及理论内涵从属于古典建筑艺术；未形成近代的规划学	凡尔赛的总体发展规划	★★★
1898—1935 年	英国的霍华德：《明日的田园城市》；美国赖特的《广亩城市：一个社区的规划》；国际建筑师协会的《马丘比丘宪章》；区位论、资源禀赋论、地理分工论	区域规划思想的萌芽和规划理论体系建立	★★★★

续表

时代	节点	代表作或理论体系	重要性
20世纪40—90年代	苏联的地域生产综合体理论；法国的中心地理论和点轴系统理论；美国的循环累积因果理论和极化—涓滴效应理论；中国的《农业资源综合区划》	以自然地理与资源要素为对象的农业区划理论体系建立	★★★★★
未来的八大趋势	农村农业—城乡融合、面面俱到—专业特色、经济单目标—综合目标、单规划模式—多规划模式、自上而下—双向互动、单方案—多方案、平面虚调—空间管控、目标终极—过程实施	以空间管控为主要特征的全要素和全维度规划的理论体系和方法平台成为本学科研究的重点	★★★★★

（一）乡村规划 1.0（1840 年工业革命以前）

古人对于规划概念的形成是随着生产力的不断提升和生产关系的改善而发展形成的。古希腊、古罗马都有文献记载，中国也同期形成了独具特色的规划理论和体系。据《周礼》《山海经》《禹贡》等文献记载，其历史可以追溯到战国时期，当时的规划，依山而居，傍水而栖，是建立在调查统计分析和对自然地理、人文和生态环境传统认识的基础上，"职方氏掌天下之图，以掌天下之地，辨其邦国、都鄙、四夷、八蛮、七闽、九貉、五戎、六狄之人民，与其财用、九谷、六畜之数要，周知其利害，乃辨九州之国，使同贯利。"农业经济时代，中国经济总量在 1 800 多年的时间里居世界第一位，经济变法的规划思想和政策措施催生了辉煌的农业时代。2 700 年前，春秋时期管仲的"重商主义"创造了齐国盛世；战国时期的商鞅变法以"重农主义"为特征，"废井田、重农耕、奖军功、统一度量衡"等政策奠定了秦国统一中国的基础；到汉武帝刘彻变法"文治武功"、唐太宗李世民的"科举制"和"小政府"、王安石变法"理财、整军"如"均输法、水利法、青苗法、方田均税法"等，到清朝的康乾盛世，围绕乡村社会和农业生产到政治、军事、文化等方面的整体配套改革。在以后的封建社会里，由于其社会生产力水平低下，"风水学"代表了农耕文明社会和自然条件下的乡村规划，还不能认为是科学的完整的乡村规划。

去其糟粕，留其精华。乡村文明是中华民族文明史的主体，村庄是这种文明的载体，耕读文明是我们的软实力[1]。中华文明根植于农耕文明。从中国特色的农事节气，

---

① 资料来源：习近平同志《在中央城镇化工作会议上的讲话》（2013 年 12 月 12 日），《十八大以来重要文献选编》（上），中央文献出版社 2014 年版，第 605～606 页。

到大道自然、天人合一的生态伦理；从各具特色的宅院村落，到巧夺天工的农业景观；从乡土气息的节庆活动，到丰富多彩的民间艺术；从耕读传家、父慈子孝的祖传家训，到邻里守望、诚信重礼的乡风民俗，等等，都是中华文化的鲜明标签，都承载着华夏文明生生不息的基因密码，彰显着中华民族的思想智慧和精神追求。要把保护传承和开发利用有机结合起来，把我国农耕文明优秀遗产和现代文明要素结合起来，赋予新的时代内涵，让中华优秀传统文化生生不息，让我国历史悠久的农耕文明在新时代展现其魅力和风采[①]。

（二）乡村规划 2.0（1840—1949 年）

近代以来，中国政府腐败无能、闭关锁国，民不聊生，外强入侵，中国错过了工业革命的机遇，沦为了半封建半殖民地的国家，直到 1911 年辛亥革命的爆发和胜利，仍然没有改变战乱不断和政府治国无能的局面，虽然经历了短暂的民族资本"黄金十年"，但随着日本帝国主义的入侵，中国乡村陷入了无穷的灾害。其间，无数仁人志士为乡村发展做出了积极的探索，主要还是以西方改良思想为主。"城市伟大文明论"成为指导这一时期乡村规划的主要理论依据，国际上规划思想的萌芽和规划理论基本形成体系，其代表如英国霍华德的《明日的田园城市》；美国赖特的《广亩城市：一个社区的规划》；国际建筑师协会的《马丘比丘宪章》；区位论、资源禀赋论、地理分工论等。

习近平总书记对这一时期的中国乡村发展做了深刻的剖析："鸦片战争后，我国陷入内忧外患的黑暗境地，战乱频仍、山河破碎、民不聊生，农民命运更加悲惨。孙中山先生对此就痛心疾首，提出'仆向以我国农业之不修，思欲振兴而改良之，蓄志已久'，又提出'耕者有其田，才算是彻底的革命'。新中国成立前，一些有识之士开展了乡村建设运动，比较有代表性的有梁漱溟先生搞的山东邹平试验，晏阳初先生搞的河北定县试验。我在河北正定县工作时，对晏阳初的试验就作了深入了解，晏阳初在乡村开办平民学校、推广合作组织、创建实验农场、传授农业科技、改良动植物品种、改善公共卫生等，取得了一些积极效果。但是，由于旧社会制度的制约，再加上日本帝国主义入侵，他们的探索也难以深入下去[②]。"

---

① 资料来源：《走中国特色社会主义乡村振兴道路》（2017 年 12 月 28 日），《论坚持全面深化改革》，中央文献出版社 2018 年版。

② 资料来源：习近平同志《在中央农村工作会议上的讲话》（2017 年 12 月 28 日）。

（三）乡村规划 3.0（1949—1984 年）

1949 年中华人民共和国成立，结束了半殖民地、半封建社会的历史，人民当家作主，中国围绕计划经济体制，出台了一系列促进经济发展的政策措施，形成了独特的政策体系。社会主义革命和建设时期，中国共产党领导农民开展互助合作，发展集体经济，大兴农田水利，大办农村教育和合作医疗，对改变农村贫穷落后面貌作了不懈探索，虽历经波折，但取得了了不起的成就[①]。1950 年中央人民政府颁布了《中华人民共和国土地改革法》，废除封建土地所有制，实行农民阶级的土地所有制。1953 年提出推进工业、农业、国防和科学技术的现代化，1954 年提出了提高农作物产量的"土、肥、水、种、密、保、管、工"的农业"八字宪法"。1958 年全国第一个人民公社成立，1960 年出台了"农业六十条"和"农业学大寨"等重要文件，1962 年中国共产党第八届中央委员会第十次全体会议通过《农村人民公社工作条例（修正草案）》。农村人民公社属于当时计划经济体制下农村政治经济制度的主要特征，即农村计划经济时代，集体公有集体经营，各类乡村经济规划、建设规划、专项规划科学制定，农村教育、医疗、公益事业与福利，大水利建设，乡镇企业，农业科技，农村商业，民兵组织与国防等大量设施建设较中华人民共和国成立前期有了质的飞跃与改变，人民得以温饱并不断变得富裕。同时，基于以农养工、以乡养城的"剪刀差"政策，国家主导的累积体制造成乡村发展动力不足，发展日益落后，乡村城镇化历程曲折而缓慢。

1979 年 2 月 12 日，经国务院批准成立了全国自然资源和农业区划委员会，设办公室，同年在中国农业科学院成立农业自然资源与农业区划研究所，负责收集、综合研究农业自然资源和农业区划资料。有关省、自治区、直辖市也成立了相应机构，中央有关科研单位和高等院校也加强了这一工作。这一时期的乡村规划主要以苏联的地域生产综合体理论为主，以自然地理与资源要素为对象的农业区划理论体系正式建立，后期兼顾吸收了法国的中心地理论和点轴系统理论、美国的循环累积因果理论和极化—涓滴效应理论，最具代表的是中国的《农业资源综合区划》。

（四）乡村规划 4.0（1985—2018 年）

从 1986 年开始，全国农业资源和农业区划委员会逐步把工作重点转向农村区域规划和区域开发。1992 年 6 月，联合国在巴西里约热内卢召开的"环境与发展大会"，

---

① 资料来源：习近平同志《在中央农村工作会议上的讲话》（2017 年 12 月 28 日）。

通过了以可持续发展为核心的《里约环境与发展宣言》《21 世纪议程》等文件。随后，中国政府编制了《中国 21 世纪人口、资源、环境与发展白皮书》，首次把可持续发展战略纳入我国经济和社会发展的长远规划，可持续农业与农村发展（Sustainable Agriculture and Rural Development，SARD）成为这一时期乡村规划的主要内容，人口、资源与环境成为研究的热点。2005 年以后，乡村规划主要聚焦在建设社会主义新农村的各个方面，2008 年，随着《中华人民共和国城乡规划法》的实施，城乡一体化发展理念成为之后乡村规划的重要基础，以城市带动、城乡互动、协调和融合成为规划设计的主旋律，体现了一定的"乡村城市化"的特点。

习近平总书记指出：改革开放以来，我们党领导农民率先拉开了改革序幕。家庭联产承包责任制打响了农村改革第一枪。大包干大包干，直来直去不拐弯，交够国家的，留足集体的，剩下就是自己的。实行家庭承包经营为基础、统分结合的双层经营体制，乡镇企业异军突起，农民工进城打工，废除延续两千多年的农业税，统筹城乡发展，改善农村基础设施，发展农村社会事业，农业农村发生了翻天覆地的巨变[①]。

改革创造的红利使得乡村城镇化迅速发力，家庭联产承包责任制激发经济体制改革，促使大量乡村人口从农业脱离，乡镇企业迅速发展，乡村城镇化进程大大加快。随后国家调整设市标准，大批乡村剩余劳动力向非农产业转移，城镇化率不断提高。

我国城乡利益格局深刻调整，农村社会结构深刻变动，农民思想观念深刻变化。这种前所未有的变化，为农村经济社会发展带来巨大活力，同时也形成了一些突出矛盾和问题。西方工业化国家在二三百年里围绕工业化、城镇化陆续出现的城乡社会问题，也在我国集中出现了。

总体看，农村社会管理面临的突出矛盾和问题主要有：一是许多农村出现村庄空心化、农民老龄化现象，据推算，农村留守儿童已超过 6 000 万人，留守妇女达 4 700 多万人，留守老年人约有 5 000 万人。维护好这些群众合法权益是一件大事。二是农村利益主体、社会阶层日趋多元化，各类组织活动和诉求明显增多。三是农村教育、文化、医疗卫生、社会保障等社会事业发展滞后，基础设施不完善，人居环境不适应，还有近 1 亿人属于扶贫对象。四是农村治安状况不容乐观，一些地方违法犯罪活动仍然不少，黑恶势力活动时有发生，邪教和利用宗教进行非法活动仍然较多存在。五是一些地方干群关系紧张，侵害农民合法权益的事件仍时有发生。一些地方基层民主管理制度不健全，农村基层党组织软弱涣散，公共管理和社会服务能力不强。这些都对

---

① 资料来源：习近平同志《在中央农村工作会议上的讲话》（2017 年 12 月 28 日）。

农村社会管理提出了新要求[1]。

我国城镇化率已接近 60%，但作为有着 960 多万平方公里[2] 土地、13 亿多人口、5 000 多年文明史的大国，不管城镇化发展到什么程度，农村人口还会是一个相当大的规模，即使城镇化率达到了 70%，也还有几亿人生活在农村。城市不可能漫无边际蔓延，城市人口也不可能毫无限制增长。现在，我们很多城市确实很华丽、很繁荣，但很多农村地区跟欧洲、日本、美国等相比差距还很大。如果只顾一头、不顾另一头，一边是越来越现代化的城市，一边却是越来越萧条的乡村，那也不能算是实现了中华民族伟大复兴。我们要让乡村尽快跟上国家发展步伐[3]。

（五）乡村规划 5.0（2018 年—）

党的十九大提出实施乡村振兴战略，提出要坚持农业农村优先发展，按照产业兴旺、生态宜居、乡风文明、治理有效、生活富裕的总要求，建立健全城乡融合发展体制机制和政策体系，加快推进农业农村现代化。这其中，农业农村现代化是实施乡村振兴战略的总目标，坚持农业农村优先发展是总方针，产业兴旺、生态宜居、乡风文明、治理有效、生活富裕是总要求，建立健全城乡融合发展体制机制和政策体系是制度保障。

习近平同志科学辨析了社会主义新农村和乡村振兴战略的关系：产业兴旺，是解决农村一切问题的前提，从"生产发展"到"产业兴旺"，反映了农业农村经济适应市场需求变化、加快优化升级、促进产业融合的新要求。生态宜居，是乡村振兴的内在要求，从"村容整洁"到"生态宜居"反映了农村生态文明建设质的提升，体现了广大农民群众对建设美丽家园的追求。乡风文明，是乡村振兴的紧迫任务，重点是弘扬社会主义核心价值观，保护和传承农村优秀传统文化，加强农村公共文化建设，开展移风易俗，改善农民精神风貌，提高乡村社会文明程度。治理有效，是乡村振兴的重要保障，从"管理民主"到"治理有效"，是要推进乡村治理能力和治理水平现代化，让农村既充满活力又和谐有序。生活富裕，是乡村振兴的主要目的，从"生活宽裕"到"生活富裕"，反映了广大农民群众日益增长的美好生活需要[4]。

---

① 资料来源：《在中央农村工作会议上的讲话》（2013 年 12 月 23 日），《十八大以来重要文献选编》（上），中央文献出版社 2014 年版，第 680～681 页。

② 1 公里 =1 千米，1 平方公里 =1 平方千米，全书同。

③ 资料来源：习近平同志《在中央农村工作会议上的讲话》（2017 年 12 月 28 日）。

④ 资料来源：习近平同志《在十九届中央政治局第八次集体学习时的讲话》（2018 年 9 月 21 日）。

强化乡村规划引领。把加强规划管理作为乡村振兴的基础性工作，实现规划管理全覆盖。以县为单位抓紧编制或修编村庄布局规划，县级党委和政府要统筹推进乡村规划工作。按照先规划后建设的原则，通盘考虑土地利用、产业发展、居民点建设、人居环境整治、生态保护和历史文化传承，注重保持乡土风貌，编制多规合一的实用性村庄规划[①]。

健全城乡统筹规划制度。科学编制市县发展规划，强化城乡一体设计，统筹安排市县农田保护、生态涵养、城镇建设、村落分布等空间布局，统筹推进产业发展和基础设施、公共服务等建设，更好发挥规划对市县发展的指导约束作用。按照"多规合一"要求编制市县空间规划，实现土地利用规划、城乡规划等有机融合，确保"三区三线"在市县层面精准落地。加快培育乡村规划设计、项目建设运营等方面人才。综合考虑村庄演变规律、集聚特点和现状分布，鼓励有条件的地区因地制宜编制村庄规划[②]。

三、新时代的乡村规划

（一）新时代乡村规划要求

新时代乡村规划是以习近平新时代中国特色社会主义思想为指导，以实施乡村振兴战略为出发点，以解决"三农"问题为中心，牢固树立新发展理念，落实高质量发展要求，坚持乡村振兴和新型城镇化双轮驱动，统筹城乡国土空间开发格局，优化乡村生产、生活、生态空间，分类推进乡村振兴，一张蓝图绘到底，打造由一组乡村不同空间尺度和不同形式、不同责任而组成的农村社会发展的利益、责任和命运共同体与各具特色的现代版"富春山居图"。

实施乡村振兴战略，首先要按规律办事。在我们这样一个拥有 13 亿多人口的大国，实现乡村振兴是前无古人、后无来者的伟大创举，没有现成的、可照抄照搬的经验。我国乡村振兴道路怎么走，只能靠我们自己去探索。

在实施乡村振兴战略中要注意处理好以下关系。

第一，长期目标和短期目标的关系。实施乡村振兴战略是一项长期而艰巨的任务，

---

① 资料来源:《中共中央　国务院关于坚持农业农村优先发展做好"三农"工作的若干意见》（2019 年 5 月 21 日）。
② 资料来源:《中共中央　国务院关于建立健全城乡融合发展体制机制和政策体系的意见》（2019 年 4 月 15 日）。

要遵循乡村建设规律，着眼长远谋定而后动，坚持科学规划、注重质量、从容建设，聚焦阶段任务，找准突破口，排出优先序、一件事情接着一件事情办，一年接着一年干，久久为功，积小胜为大成。要有足够的历史耐心，把可能出现的各种问题想在前面，切忌贪大求快、刮风搞运动，防止走弯路、翻烧饼。

第二，顶层设计和基层探索的关系。党中央已经明确了乡村振兴的顶层设计，各地要解决好落地问题，制定出符合自身实际的实施方案。编制村庄规划不能简单照搬城镇规划，更不能搞一个模子套到底。要科学把握乡村的差异性，因村制宜，精准施策，打造各具特色的现代版"富春山居图"。要发挥亿万农民的主体作用和首创精神，调动他们的积极性、主动性、创造性，并善于总结基层的实践创造，不断完善顶层设计。

第三，充分发挥市场决定性作用和更好发挥政府作用的关系。要进一步解放思想，推进新一轮农村改革，从农业农村发展深层次矛盾出发，聚焦农民和土地的关系、农民和集体的关系、农民和市民的关系，推进农村产权明晰化、农村要素市场化、农业支持高效化、乡村治理现代化，提高组织化程度，激活乡村振兴内生动力。要以市场需求为导向，深化农业供给侧结构性改革，不断提高农业综合效益和竞争力。要优化农村创新创业环境，放开搞活农村经济，培育乡村发展新动能。要发挥政府在规划引导、政策支持、市场监管、法治保障等方面的积极作用。推进农村改革不可能一蹴而就，还可能会经历阵痛，甚至付出一些代价，但在方向问题上不能出大的偏差。

第四，增强群众获得感和适应发展阶段的关系。要围绕农民群众最关心最直接最现实的利益问题，加快补齐农村发展和民生短板，让亿万农民有更多实实在在的获得感、幸福感、安全感。要科学评估财政收支状况、集体经济实力和群众承受能力，合理确定投资规模、筹资渠道、负债水平，合理设定阶段性目标任务和工作重点，形成可持续发展的长效机制。要坚持尽力而为、量力而行，不能超越发展阶段，不能提脱离实际的目标，更不能搞形式主义和"形象工程"[①]。

（二）新时代乡村空间规划[②]

根据国家空间规划体系要求，新编县乡级国土空间规划应安排不少于10%的建设用地指标，重点保障乡村产业发展用地。省级制定土地利用年度计划时，应安排至少

---

① 资料来源：习近平同志《在十九届中央政治局第八次集体学习时的讲话》（2018年9月21日）。
② 本节选自《中共中央　国务院关于建立国土空间规划体系并监督实施的若干意见》。

5% 新增建设用地指标保障乡村重点产业和项目用地。农村集体建设用地可以通过入股、租用等方式直接用于发展乡村产业。

（1）强化空间规划的基础作用。国家级空间规划要聚焦空间开发强度管控和主要控制线落地，全面摸清并分析国土空间本底条件，划定城镇、农业、生态空间以及生态保护红线、永久基本农田、城镇开发边界，并以此为载体统筹协调各类空间管控手段，整合形成"多规合一"的空间规划。

强化国家级空间规划在空间开发保护方面的基础和平台功能，为国家发展规划确定的重大战略任务落地实施提供空间保障，对其他规划提出的基础设施、城镇建设、资源能源、生态环保等开发保护活动提供指导和约束。

（2）分级分类建立国土空间规划。国土空间规划是对一定区域国土空间开发保护在空间和时间上做出的安排，包括总体规划、详细规划和相关专项规划。国家、省、市县编制国土空间总体规划，各地结合实际编制乡镇国土空间规划。相关专项规划是指在特定区域（流域）、特定领域，为体现特定功能，对空间开发保护利用做出的专门安排，是涉及空间利用的专项规划。国土空间总体规划是详细规划的依据、相关专项规划的基础；相关专项规划要相互协同，并与详细规划做好衔接。

（3）明确各级国土空间总体规划编制重点。全国国土空间规划是对全国国土空间做出的全局安排，是全国国土空间保护、开发、利用、修复的政策和总纲，侧重战略性，由自然资源部会同相关部门组织编制，由党中央、国务院审定后印发。省级国土空间规划是对全国国土空间规划的落实，指导市县国土空间规划编制，侧重协调性，由省级政府组织编制，经同级人大常委会审议后报国务院审批。市县和乡镇国土空间规划是本级政府对上级国土空间规划要求的细化落实，是对本行政区域开发保护做出的具体安排，侧重实施性。需报国务院审批的城市国土空间总体规划，由市政府组织编制，经同级人大常委会审议后，由省级政府报国务院审批；其他市县及乡镇国土空间规划由省级政府根据当地实际，明确规划编制审批内容和程序要求。各地可因地制宜，将市县与乡镇国土空间规划合并编制，也可以几个乡镇为单元编制乡镇级国土空间规划。

（4）强化对专项规划的指导约束作用。海岸带、自然保护地等专项规划及跨行政区域或流域的国土空间规划，由所在区域或上一级自然资源主管部门牵头组织编制，报同级政府审批；涉及空间利用的某一领域专项规划，如交通、能源、水利、农业、信息、市政等基础设施，公共服务设施，军事设施，以及生态环境保护、文物保护、林业草原等专项规划，由相关主管部门组织编制。相关专项规划可在国家、省和市县层级编制，不同层级、不同地区的专项规划可结合实际选择编制的类型和精度。

（5）在市县及以下编制详细规划。详细规划是对具体地块用途和开发建设强度等做出的实施性安排，是开展国土空间开发保护活动、实施国土空间用途管制、核发城乡建设项目规划许可、进行各项建设等的法定依据。在城镇开发边界内的详细规划，由市县自然资源主管部门组织编制，报同级政府审批；在城镇开发边界外的乡村地区，以一个或几个建制村为单元，由乡镇政府组织编制"多规合一"的实用性村庄规划，作为详细规划，报上一级政府审批。

（6）编制要求。体现战略性。全面落实党中央、国务院重大决策部署，体现国家意志和国家发展规划的战略性，自上而下编制各级国土空间规划，对空间发展做出战略性系统性安排。落实国家安全战略、区域协调发展战略和主体功能区战略，明确空间发展目标，优化城镇化格局、农业生产格局、生态保护格局，确定空间发展策略，转变国土空间开发保护方式，提升国土空间开发保护质量和效率。

提高科学性。坚持生态优先、绿色发展，尊重自然规律、经济规律、社会规律和城乡发展规律，因地制宜开展规划编制工作；坚持节约优先、保护优先、自然恢复为主的方针，在资源环境承载能力和国土空间开发适宜性评价的基础上，科学有序统筹布局生态、农业、城镇等功能空间，划定生态保护红线、永久基本农田、城镇开发边界等空间管控边界以及各类海域保护线，强化底线约束，为可持续发展预留空间。坚持山水林田湖草生命共同体理念，加强生态环境分区管治，量水而行，保护生态屏障，构建生态廊道和生态网络，推进生态系统保护和修复，依法开展环境影响评价。坚持陆海统筹、区域协调、城乡融合，优化国土空间结构和布局，统筹地上地下空间综合利用，着力完善交通、水利等基础设施和公共服务设施，延续历史文脉，加强风貌管控，突出地域特色。坚持上下结合、社会协同，完善公众参与制度，发挥不同领域专家的作用。运用城市设计、乡村营造、大数据等手段，改进规划方法，提高规划编制水平。

加强协调性。强化国家发展规划的统领作用，强化国土空间规划的基础作用。国土空间总体规划要统筹和综合平衡各相关专项领域的空间需求。详细规划要依据批准的国土空间总体规划进行编制和修改。相关专项规划要遵循国土空间总体规划，不得违背总体规划强制性内容，其主要内容要纳入详细规划。

注重操作性。按照谁组织编制、谁负责实施的原则，明确各级各类国土空间规划编制和管理的要点。明确规划约束性指标和刚性管控要求，同时提出指导性要求。制定实施规划的政策措施，提出下级国土空间总体规划和相关专项规划、详细规划的分解落实要求，健全规划实施传导机制，确保规划能用、管用、好用。

（7）实施与监管。强化规划权威。规划一经批复，任何部门和个人不得随意修改、违规变更，防止出现换一届党委和政府改一次规划。下级国土空间规划要服从上级国土空间规划，相关专项规划、详细规划要服从总体规划；坚持先规划、后实施，不得违反国土空间规划进行各类开发建设活动；坚持"多规合一"，不在国土空间规划体系之外另设其他空间规划。相关专项规划的有关技术标准应与国土空间规划衔接。因国家重大战略调整、重大项目建设或行政区划调整等确需修改规划的，须先经规划审批机关同意后，方可按法定程序进行修改。对国土空间规划编制和实施过程中的违规违纪违法行为，要严肃追究责任。

改进规划审批。按照谁审批、谁监管的原则，分级建立国土空间规划审查备案制度。精简规划审批内容，管什么就批什么，大幅缩减审批时间。减少需报国务院审批的城市数量，直辖市、计划单列市、省会城市及国务院指定城市的国土空间总体规划由国务院审批。相关专项规划在编制和审查过程中应加强与有关国土空间规划的衔接及"一张图"的核对，批复后纳入同级国土空间基础信息平台，叠加到国土空间规划"一张图"上。

健全用途管制制度。以国土空间规划为依据，对所有国土空间分区分类实施用途管制。在城镇开发边界内的建设，实行"详细规划＋规划许可"的管制方式；在城镇开发边界外的建设，按照主导用途分区，实行"详细规划＋规划许可"和"约束指标＋分区准入"的管制方式。对以国家公园为主体的自然保护地、重要海域和海岛、重要水源地、文物等实行特殊保护制度。因地制宜制定用途管制制度，为地方管理和创新活动留有空间。

监督规划实施。依托国土空间基础信息平台，建立健全国土空间规划动态监测评估预警和实施监管机制。上级自然资源主管部门要会同有关部门组织对下级国土空间规划中各类管控边界、约束性指标等管控要求的落实情况进行监督检查，将国土空间规划执行情况纳入自然资源执法督察内容。健全资源环境承载能力监测预警长效机制，建立国土空间规划定期评估制度，结合国民经济社会发展实际和规划定期评估结果，对国土空间规划进行动态调整完善。

推进"放管服"改革。以"多规合一"为基础，统筹规划、建设、管理三大环节，推动"多审合一""多证合一"。优化现行建设项目用地（海）预审、规划选址以及建设用地规划许可、建设工程规划许可等审批流程，提高审批效能和监管服务水平。

四、乡村空间规划学

乡村空间规划学是一门科学学科，一门新兴的交叉学科，涉及农学、经济学、地理学、生态学、信息科学和社会学等诸多学科。基于空间规划的理念，提出了乡村空间规划学的新常态、新要求。从学科的角度，如图1-2所示，它是由传统农业区划学科演变而来的，包括经济学和地理学，也随之产生了一个交叉学科经济地理学。生态学的介入，相应地产生了两个交叉学科，一个是生态学和经济学结合的生态经济学，一个是生态学和地理学结合的景观生态学。以农业、农民和农村"三农"为平台，既是乡村空间规划所研究的内容所在，也是相应学科支撑的基础所在。其学科交叉性还和其他学科有着密不可分的关系，如大农学，地理学：遥感与地理信息系统（GIS），信息与计算机科学，农业经济学，生态环境学：传统"风水学"精华，园林设计与农业工程，图形学与美学，等等。

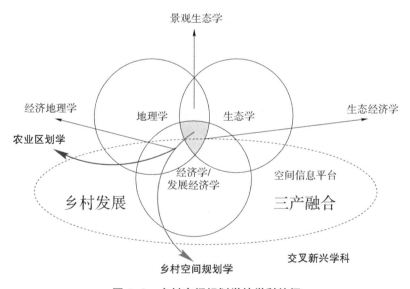

图1-2 乡村空间规划学的学科特征

面对乡村规划的"群雄争霸"格局，迫切需要建设一支强大的领军团队；面对乡村规划的"多规合一"趋势，迫切需要开展空间规划的科学研究；面对乡村规划的"学科空白"窘境，迫切需要探索理论方法的创新突破；面对乡村规划的"落地生根"需求，迫切需要整合科教资源的制度创新。以乡村空间规划的"乡村美丽价值论"的理论突破探索与国土空间规划的"城市伟大文明论"相融合，在国际上率先为乡村治理体系和治理能力现代化提供具有中国特色、中国作风和中国气派的新兴交叉人文学科——乡村空间规划学。

各级党委应当注重发挥乡村规划对农业农村发展的导向作用。坚持规划先行，突出乡村特色，保持乡村风貌，加强各类规划统筹管理和系统衔接，推动形成城乡融合、区域一体、多规合一的规划体系，科学有序推进乡村建设发展[1]。依据《中共中央　国务院关于统一规划体系更好发挥国家发展规划战略导向作用的意见》和《中共中央　国务院关于建立国土空间规划体系并监督实施的若干意见》提出的"多规合一"的指导思想和编制内容，结合单位学科特色，乡村规划空间尺度主要聚焦县域及县域以下区域（园区、村庄和乡镇），乡村规划编制类型主要包含发展战略规划、乡村空间规划、乡村区域规划、乡村专项规划（空间规划所包含的各类专项规划、园区规划和区域规划），包括乡村振兴规划、产业发展规划、乡村规划、村庄规划和其他专项规划等。

乡村规划学研究紧扣"理论创新—技术突破—应用服务"的主线，重点聚焦县域、乡（镇）、村域的乡村规划研究与应用，学科领域为农村发展与政策，重点方向为城乡融合政策[2]，目标定位为应用基础研究：面向一流学科，做乡村规划学科建设的引领者；面向重大需求，做乡村规划编制标准的制订者；面向主战场，做乡村规划咨询服务的创业者。

各级人民政府应当协同推进乡村振兴战略和新型城镇化战略的实施，整体筹划城镇和乡村发展，科学有序统筹安排生态、农业、城镇等功能空间，优化城乡产业发展、基础设施、公共服务设施等布局，逐步健全全民覆盖、普惠共享、城乡一体的基本公共服务体系，加快县域城乡融合发展，促进农业高质高效、乡村宜居宜业、农民富裕富足。

县级人民政府和乡镇人民政府应当优化本行政区域内乡村发展布局，按照尊重农民意愿、方便群众生产生活、保持乡村功能和特色的原则，因地制宜安排村庄布局，依法编制村庄规划，分类有序推进村庄建设，严格规范村庄撤并，严禁违背农民意愿、违反法定程序撤并村庄。

县级以上地方人民政府应当统筹规划、建设、管护城乡道路以及垃圾污水处理、供水供电供气、物流、客运、信息通信、广播电视、消防、防灾减灾等公共基础设施和新型基础设施，推动城乡基础设施互联互通，保障乡村发展能源需求，保障农村饮用水安全，满足农民生产生活需要。

---

[1]　资料来源：中共中央印发的《中国共产党农村工作条例》（2019 年 9 月 3 日）。
[2]　资料来源：《中华人民共和国乡村振兴促进法》，中国法制出版社，2021，第 15～17 页。

　　国家发展农村社会事业，促进公共教育、医疗卫生、社会保障等资源向农村倾斜，提升乡村基本公共服务水平，推进城乡基本公共服务均等化。国家健全乡村便民服务体系，提升乡村公共服务数字化智能化水平，支持完善村级综合服务设施和综合信息平台，培育服务机构和服务类社会组织，完善服务运行机制，促进公共服务与自我服务有效衔接，增强生产生活服务功能。

　　国家完善城乡统筹的社会保障制度，建立健全保障机制，支持乡村提高社会保障管理服务水平；建立健全城乡居民基本养老保险待遇确定和基础养老金标准正常调整机制，确保城乡居民基本养老保险待遇随经济社会发展逐步提高。国家支持农民按照规定参加城乡居民基本养老保险、基本医疗保险，鼓励具备条件的灵活就业人员和农业产业化从业人员参加职工基本养老保险、职工基本医疗保险等社会保险。国家推进城乡最低生活保障制度统筹发展，提高农村特困人员供养等社会救助水平，加强对农村留守儿童、妇女和老年人以及残疾人、困境儿童的关爱服务，支持发展农村普惠型养老服务和互助性养老。

　　国家推动形成平等竞争、规范有序、城乡统一的人力资源市场，健全城乡均等的公共就业创业服务制度。县级以上地方人民政府应当采取措施促进在城镇稳定就业和生活的农民自愿有序进城落户，不得以退出土地承包经营权、宅基地使用权、集体收益分配权等作为农民进城落户的条件；推进取得居住证的农民及其随迁家属享受城镇基本公共服务。国家鼓励社会资本到乡村发展与农民利益联结型项目，鼓励城市居民到乡村旅游、休闲度假、养生养老等，但不得破坏乡村生态环境，不得损害农村集体经济组织及其成员的合法权益。

　　县级以上人民政府应当采取措施促进城乡产业协同发展，在保障农民主体地位的基础上健全联农带农激励机制，实现乡村经济多元化和农业全产业链发展。

　　各级人民政府及其有关部门应当采取措施鼓励农民进城务工，全面落实城乡劳动者平等就业、同工同酬，依法保障农民工工资支付和社会保障权益。

五、乡村空间规划与"风水"

　　乡村空间具有田园式的乡村景观，是乡村生活、生产、生态相互交织长期交互的结果。无论是黄土地还是黑土地上的村屯，作为农村区域的最小构成单元，在广阔的国土面积上由于所处地域的不同，我国的农村充分展示着多元化、独特化的各自特点，正所谓"一方水土一方人"，这既反映了东方文化一脉相承，也反映了乡村发展的地域特征。

从古到今，我国农村的规划建设与缓慢发展的每一个阶段，都经历了漫长的人类活动，积累了丰富的传统经验。有着几千年历史的"风水学"，体现了中国五千年传承的思维方式，其宗旨是协助人类优化生存环境，达到"天人合一"的和谐境界，凝聚着人们对宇宙人生的朴实理解，在本质上是一种价值观的呈现。乡村的"风水"表达的是乡民祖祖辈辈所信奉的乡村哲学、乡村美学以及乡村科学，这种思维方式融化在乡村规划建设的一草一木、一砖一瓦中（图1-3）。

图1-3 传统风水乡村规划应用案例

上左：广东省东莞市谢岗镇谢岗村，形如长寿灵龟，又神似"八卦罗庚盘"。整个古村落以岑头街为中心，向外围拓展延伸，巷道错落有致，四通八达，其"九门九井十三更"的设计除了让整个村落整齐美观，还兼具多重功能。

上右：江西省上饶市婺源县古坦乡菊径村，是"中国最圆的村庄"。典型的"前山后水"山环水绕型，小河呈大半圆形，绕村庄将近一周，四周为高山环绕，犹如一处世外桃源。

下左：广东省高要市回龙镇黎槎村，村内房屋依山而建，环水而设，以乾、坤、震、巽、坎、离、艮、兑等卦形排列，呈圆形分布，一座座一排排，一圈接一圈，暗藏玄机，震慑邪恶，平衡阴阳，使天人合一。

下右：安徽省黄山市徽州区呈坎镇呈坎村，枕山面水、坐北朝南，融自然山水为一体，二圳五街九十九巷，聚集着不同风格的亭、台、楼、阁、桥、井、祠、社及民居，以精湛的工艺和精美的石雕、砖雕、木雕、彩绘，向人们展示了徽州的建筑风格，被中外专家和游人誉为"中国古建筑艺术博物馆"。

如何走中国特色化道路，建设中国特色的美丽乡村，是规划人一直在探索的课题。人们逐渐认识到在城镇化快速发展的今天，如何将传统文化的精髓融入现代化的发展建设之中，是实现中国梦的必然道路。现代化城市的高速建设，通常直接采用了西方的标准模式，当人们对人地关系提出新的要求时，国人的目光投向了"风水学"，"风水"的核心宗旨在于合理地处理人与自然的和谐关系，将中国古代"天人合一""万物生克"的传统哲学运用到现代人居环境中[①]。风水观的应用使规划设计思想发生了巨大的变革，使规划从单一经济目标建设走向多元化可拓展的整体性建设目标，在整体设计中既要重视产业经济的发展，也不能忽略包括生态环境、自然景观的保护，以保证居民生活便捷为底线，实现可持续发展，达到人与自然的和谐。早在 20 世纪 80 年代，彭一刚教授（1994 年）在《传统村镇聚落景观分析》一书中从美学、形态等要素阐述乡村的文化建筑，景观、村镇、生态逐渐在农村区域规划里占有重要位置。而著名作家刘华在《风水的村庄》（2014 年）一书中写道："村庄永远津津乐道于风水的话题。"北京大学俞孔坚教授提出风水学"是中国传统经验，生态经验和土地伦理，是东方思维的发展演变，是预测未来的功利思维"。同时在《景观：文化、生态与感知》中提出"风水"是"根据对时间和空间的综合分析，推进人与自然和谐相处，取得心理安宁、经济发展、身体健康的建筑艺术"。人们逐渐认识到，"风水"理论在乡村规划里不仅承担了景观建筑责任，也是精神的传承、文化的血脉[②]。

由于历史发展条件的限制，同许多传统理论一样，"风水"理论并没有形成完整的科学体系，其中也确有迷信成分以及由于统治需求而造成的愚民外衣，但是其中也有许多有益的可资借鉴之处。本书将以"地理五诀"之中"顺乘生气"的人地交互感应、"觅龙点穴"的丰富相地经验、"察砂观水"的术数选址布局方法、"取向可推演"的发展方向以及标准的建筑要求为研究重点，研究其与乡村空间规划之间可能存在的指导关系以及现代应用，为完善乡村规划方法，构建符合中国特色、保有中华乡土文化的美丽乡村建设提供有效指导。

---

① 吴良镛.人民环境科学导论 [M].北京：中国建筑工业出版社，2001。
② 贺雪峰.新乡土中国 [M].北京：北京大学出版社，2013。

第二章

中国传统"风水"中的科学知识

一、"风水"及相关概念介绍

"风水"文化是中华传统文化的重要组成部分，大到国家、城市的营造，小到家园、家居的摆设，其中都蕴含着"风水"理论的指导，而且中国人民对"风水"也具有广泛的文化认同感。历史上，"风水"一词代指风水学，现今可考的明确文字记录是出自晋代郭璞的《葬经》，"气乘风则散，界水则止。古人聚之使不散，行之使有止，故谓之风水 ①。"这时候风水学主要是古人对"气"的排布。从两个方面总结了风水学对"气"的应用，一是对地势、山势的经验总结以及其中产生的"气"的应用，二是"气"作为沟通天地人的纽带作用对人类行为的指导。

以"气"为脉络，针对不同领域的不同应用，随着朝代的变迁"风水"的概念范畴和发展方向逐渐变化，它具有"堪舆、阴阳、青乌、图墓"等别称，见表2-1。这也证明"风水"定义的界定从其产生之初代指自然界中的风和水要素，逐步演变为以"气"为核心的经验理论体系，结合了易学、阴阳学、五行学说等传统哲学要素，用以解释天地万物的构成和变化，并反过来通过对这些事物变化规律的总结经验来指导人类行为，达成天地人的和谐发展。

表 2-1　"风水"别称整理

名称	意义	出处
风水	风水术概为考察山川地理，以择吉避凶，故钦天监设专员分管。流传最广的是形势派和理气派，言形势者，今谓之峦体，言方位者，今谓之理气。形势派其核心是以龙、砂、水、穴、向相配，使规划布局有所依据	郭璞《葬经》："气乘风则散，界水则止。古人聚之使不散，行之使有止，故谓之风水。"
堪舆	堪，地突之意，代表"地形"之词；舆，"承舆"即为研究地形地物之意，注重地势地貌分析。仰以观之，俯以察之，既得山川水利之便。堪舆家在天文、历法的确立过程中起到重要作用，并由其活动引出指南针的发明，对古代科技起到推动作用	刘安《淮南子》②："堪舆徐行，雄以音知雌"，实意为"天地之道"

① 郭璞.葬经 [M].北京：中国经济出版社，2002。
② 沈雁冰选注，卢福咸校订.淮南子 [M].武汉：崇文书局，2014。

续表

名称	意义	出处
地理	或谓地学。在古代并不仅指地貌,最早出现于春秋,重在相度土地之宜,并包含了古代水文地质方面的诸多知识。是古代学者研究"天人合一"之道作用于地球表面或地球内在系统的理论	《易经·系辞》①:"仰以观于天文,俯以察于地理。"
形法	相地、相人、相畜之术。主要论述穴与其他事物之间的相互关系,以此来界定吉凶	《汉书·艺文志》②:"形法者,大举九州之势以立城郭室舍形,人及六畜骨法之度数、器物之形容以求其声气贵贱吉凶。"
青囊	青囊是黑色的袋子,因为风水师常以之装书,故民间以青囊代称风水术	《晋书·郭璞传》记载,隐士郭公把《青囊中书》传授给郭璞,说明至迟在晋代就有了"青囊"一词
青乌	名称源于堪舆大师青乌子,体现出风水学在古代传播之广,信徒之多	民间流传青乌子著《青乌经》,宋代张君房的《云笈七签》载《轩辕本纪》曰:"黄帝始画野分州,有青乌子,能相地理,帝问之以致经。"
相宅	以观察地形地物判定住屋吉凶的一种方术	《周书·洛诰》③:"公不敢不敬天之休,来相宅,其作周匹休。"
相地	选择适宜居住的宅居宝地。观察土地肥瘠或地形地物。《史记·周本纪》:"'后稷'及为成人,遂好耕农,相地之宜,宜穀者稼穑焉,民皆法择之。"	《国语·齐语》④:"相地而衰征,则民不移。"
阴阳	最初指山的北面和南面。后用来代指天地、日月、昼夜、寒暑等朴素的辩证关系。阳表示一切与天性质相近的事物,阴表示一切与地相近的事物	《道德经》⑤曰:"道生一,一生二,二生三,三生万物。万物负阴而抱阳,冲气以为和。"
图墓	由于风水分阴宅和阳宅两方面,所以又有图宅、图墓的说法。相看墓地风水之意,图即为"卜",卜择墓地	出处未可考

---

① 刘君祖.详解易经·系辞传[M].北京:新星出版社,2011。
② 庄适选注,司马朝军校订.汉书[M].武汉:崇文书局,2014。
③ 佚名.周书[M].沈阳:春风文艺出版社。
④ (战国)左丘明.国语[M].上海:上海古籍出版社,2015。
⑤ (春秋)李聃著,赵炜编译,支旭仲主编.道德经[M].西安:三秦出版社,2018。

不同的名称体现了"风水"在理论中不同的研究方向，以及在实践中各异的应用方法，其中"风水""堪舆""地理"主要是研究自然天地之间的关系，应用天体运动、地理地貌以及方位理念进行格局的打造，更偏向于大尺度范围的营造和建设。"形法"的外延比较广阔，既包括"人、畜、宅"的相看，也包括"城、运"等数术，倾向于天文、占卜等方术上的应用。"青囊""青乌"相传源于黄帝时期的巫医同源，青囊更是代指医者的袋子和相者装书的袋子，在风水实践中更偏向于相地，相传是青乌子开创了风水对于阴宅与阳宅两大勘察分支。"相宅""相地"主要研究周边地理地貌结合朝向、五行、八卦以及环境吉凶来选择或营造的经验总结，此外相地的应用比相宅更加广泛一些，涉及农事耕种、军事建造以及坊市商贸发展等多方面内容。虽然名称和研究应用各有特色，但其主旨，都是根据天地人的变化规律研究其在群体或个体之间的影响关系，追求阴阳平衡或人与自然和谐的美好境界，逐渐形成以"风水"为名的传统理论。

二、"风水"中的可持续发展观

（一）"气"与事物变化规律

《葬经》中提出"气"在"风水"中的本源性，"气乘风则散，界水则止""夫阴阳之气，噫而为风，升而为云，降而为雨，行乎地中则为生气"，于是形成"风水"理论。张载在《正蒙》中也提出"太虚无形，气之本体；其聚其散，变化之客形尔[1]。"将"气"作为事物发展的本源，不论是一气化阴阳还是一气化三清，都体现了其相互依存又相辅相成的变化关系，在这种变化运动中产生了万物，形成了独特的变化规律。

以"气"解释自然，"生气方盛，阳气发泄"是指万物生长发育之气，当符合事物发展规律的时候就是事物正确的前进方向，而顺着历史事件的发展必定能发现其中蕴含的规划所起到的作用。《国语》中也有"阳气俱蒸，土膏其动""土气震发，农祥晨正"等记载，更是根据农耕农事的活动经验，根据对生产条件以及生产要素的朴素认识，形成对天气变化与农事行动之间的指导性经验，便是流传至今的二十四节气历法，是认识自然并利用自然的发展规律。此外还有"天地合气，物偶自生"，进一步认识到"气"作为事物变化发展的规律是不以外物改变的，是有规律的自然运动的，"日朝出

---

[1]　（宋）张载撰，（清）王夫之注，汤勤福导读.张子正蒙[M].上海：上海古籍出版社，2000。

而暮入，非求之也，天道自然。"在自然界"气"是解释自然变化的规律，也是顺应自然指导事物发展的规律。

以"气"解释人体，在"风水"理论中，"天人合一"的理念认为人也是天地的一体，具有相同的存在形式，于是根据天地之气的运动规律，勾画出人体气息相交的说法，"上下之位，气交之中，人之居也[①]"。"气"的升降出入运动在人体内形成完整的体系，"气"的升降出入运动是维持人体内外环境平衡的保证。升降与出入配合，共同完成升清降浊的作用。有升必有降，无出亦无入，升降是体内里气之间的联系，出入则是里气与外气的交接，有出入才能保证体内外环境的统一，从而维持着人体正常的生命活动。此外，作为天地的一部分，人是个体宇宙的完整体，所以在不同时间空间下，人体也存在变化，《内经》中论述病症为邪气，"春气在经脉，夏气在孙络，长夏气在肌肉，秋气在皮肤，冬气在骨髓[②]"。而因为四时不同，其"五气更立，各有所先"就形成了在中医理论中，因时因地因人的不同会有不同的辩证方法。

在理解"气"为事物发展规律之后，就能进一步了解风水宇宙观之中对于世界构成为五行元素的基本理念，当顺应事物发展变化规律运行时，便是五行相生而产生的"生气"，"生气"再反之推动事物继续发展变化。所以在风水实践应用上，非常注重对"生气"的顺应，并且会反过来通过人工手段保障生气的循环，从而达到事物健康有序发展。

（二）"天人合一"中和谐发展观

"天人合一"这一概念最早是汉朝董仲舒针对天人感应、君权神授观点提出的天道与人道的相互关系研究，其继承了《春秋》里对于人类行为与自然变迁之间的关系，以阴阳五行学说建立了一套"天人观"，认为天地之间万事万物为五行属性，按照五行相生相克的发展规律产生"气"生化宇宙。同时正是基于这种气化之宇宙来作为天人感应理念构建的核心，以人天之气相数来说明灾异的产生[③]。在《春秋繁露》中阐述"天有阴阳，人亦有阴阳，天地之阴气起，而人之阴气应之而起；人之阴气起，而天之阴气亦宜应之而起。其道一也。"将人气与天气进行因果联系，认为人类行为，尤其是统治者的行为会对天地自然发展产生影响，但是这一理论由于大一统时代的特殊性以及封建帝制的统治需求，逐渐偏向宗教神秘色彩，对于自然发展的解释偏向天道情绪

① 田代华.黄帝内经素问校注[M].北京：人民军医出版社，2011。
② 张云江.论王夫之的"天人合一"思想[J].社会科学研究，2015（1）：133-138。
③ 同②。

与君主好恶，不但压抑了人们对于自然现象与规律的进一步探索，也限制了人类行为对于自然发展相互作用的客观事实。

随着人类对于自然的不断探索以及社会经济的进一步发展，人们对于"天人合一"的概念理解更加深入，宋代张载提出"天人合德"将天地之道与人德相关联，将《礼记》中的"修身、齐家、治国、平天下"相结合，在《正蒙》乾称篇中提出"儒者则因明致诚，因诚致明，故天人合一，致学而可以成圣，得天而未始遗人"，以"知"为主，即向天地万物学习求知体悟其中的天理，认识到人类社会秩序必须符合宇宙运行的基本秩序，从而提出人与天合一。以"用"为实践，通过"知秩然后礼行"强调人应当顺应自然规律而行动，这样的行为也会推动自然的有益发展，这种自然秩序与人类社会秩序相统一的理念具有和谐共生的生态意义。明代王夫之进一步在张载的理论之上以哲学本体论的视角提出"和以致生"和谐观。

《易经》中对于天的定义具有多元性，既有对于自然的论述，也包含传统神秘的探究。而天与人之间更是存在相互影响关系，"是故天生神物，圣人则之；天地变化，圣人故之；天垂象，见吉凶，圣人象之；河出图，洛出书，圣人则之[①]。"认为人应当顺应天地变化，效法天象衍生之规律，对事物发展进行指引。反之，人的行动对自然也会造成影响，"不畏敬天，其殃来至暗""国家将兴，必有祯祥；国家将亡，必有妖孽"，体现了人的行动对于自然的影响，如果破坏自然规律，随意破坏环境，就会遭遇警告与灾祸。反之当顺应自然利用主观能动性发展优势，使二者和谐共处、共同发展，逐渐形成了"天人合一"的哲学思想。

而这种"天人合一"的哲学理念来源于中华立根之本——对"农"的解读。中华民族的立国之本在乡村，治国之政在农业，文化传续在宗族礼教，这就导致中国古代不论是对自然宇宙的探索还是社会秩序的发展，都存在一种以情感为基础的理性建设，呈现出连续、有机、系统的特征。在这个有机的内在联系的整体中，五行、四季、方位与人体等均存在普遍联系，将空间与时间观融入天人合一的发展理念之中。所以中国传统哲学观是整体的、动态变化的，但是各家在阐述时是有所倾向的，道家偏向于自然道法，天地人皆从自然；在墨家理论中主要提出"爱人利人者，天必福之，恶人贼人者，天必祸之"的天罚理论；儒家强化天人感应的研究，对于天人相合的理论提出了论证。

"风水"实践应用中，在选址上强调顺应天地自然变化进行选择，在布局上则可以

---

① 刘君祖.详解易经·系辞传[M].北京：新星出版社，2011。

发挥人的主动性，考虑社会发展和经济发展利用自然，在遵循普遍联系的理念下，强调天地人的一体发展。在城市营造上，"风水"理念更是将人与自然的和谐统一理念贯穿始终，不论是"山环水抱"还是"土色之光润，草木之茂盛"都是在营造理念中，对于山水土地的环境提出了要求。另外，在对于反过来保护自然环境上也有所要求，如浙江普陀山《普陀洛迦新志》载"后山系寺之来脉，堪舆家俱言不宜建盖，凡本寺前后左右山场，不但不可浸渔，且风水悠关，竹木务悠久培荫，斫石取泥，俱所当慎①"，对于周边山石树木均有保护。再比如历代对龙脉的保护，也是一种相辅相成的生态保护机制。

（三）易经数术中的普遍联系

"风水"理论中将宇宙变化归纳为数与象的演化，由"易有太极，是生两仪，两仪生四象，四象生八卦"（引自《易传》），是一分为二，二分为四，四分为八的加一倍的象数分化过程。而在继续的数术推演中，八卦衍生为六十四卦，遵循数的组合排列规律，形成二的三次方到衍生的六十四卦，具有一定机械性的组合。象，"象者，象其物宜也"，一般指事物的形象以及象征的属性或道理，而数指数量。象数之间也存在内在联系，《左传》中记载"物生而后有象，象而后有滋，滋而后有数"，通过古人的总结，将天、泽、火、雷、风、水、山、地列为基本的象；数则是1~8个自然数，通过八八相得，构成宇宙的基本模式。并用象与数的组合，解释天地人的自然现象以及社会发展。其中最有代表性的是"河图"与"洛书"两项，河图1~10数是天地生成数，洛书1~9数是天地变化数，其中河图将1、2、3、4、5代表"天"数，6、7、8、9、10代表"地"数，而1~5是生数，它们与五行之数"5"分别相加，得到6~10这五个成数，最终组成总和为"55"，得出天地之数。通过天地之数可以演化万物，也就是万事万物之间都具有普遍联系，不论是象与数的组合，还是数术的推演，其中都存在着相互联结、相互依赖、相互影响、相互作用、相互转化等相互关系。

此外，中国传统的数术不是以构建模型和公式为主，而是通过大量的观察统计、归纳计算以及分类对比，以独特的逻辑描述事物的运动规律和发展方向。

（四）阴阳哲理与辩证法

在"风水"理论中，阴阳哲学观首先体现在对事物既对立、矛盾，又相互联系、

---

① 佚名.普陀洛迦新志 [M].黑龙江：北方文艺出版社，2021。

统一的辩证关系的认识。易之道"一阴一阳之谓道""一阖一辟谓之变，往来不穷谓之通"，认为阴阳的相反相交是造成事物变化的根本规律，是关于自然宇宙与社会人理的生生不息之源。在这种矛盾关系之中，阴阳二元对立被认为是推动事物变化和发展的根本原因，在《系辞》中，乾坤不仅是有形天，还代表两种对立的力量或性质，乾为天为阳，坤为地为阴，而"刚柔相推而生变化""以东者尚其变"等体现在事物变化之中，相继相交变化，就会逐渐产生新的事物，取代旧的事物，形成新陈代谢生生不息的延续。

此外，在阴阳变化规律之中，也含有统一是相对的观点，"易者阴阳变化之谓""重阴必阳，重阳必阴"指出阴阳不是一成不变的，且在随时随地的变化之中，一旦达到一个极值，就会产生阴阳的转化，形成质变。然后在新的阴阳里继续形成量变的积累，引起新的质变，推动事物不断变化发展。

综上，一阴一阳所呈现的"合"的理念，研究多样性与多样性的统一。"天地合而万物生，阴阳接而变化起"，而合的表现形式又体现出了阴阳有主次的变化规律，"凡物必有合，合必有上，必有下，必有左，必有右，必有前，必有后，必有表，必有里①。"《春秋繁露》提出了矛盾的主次之分。

在"风水"应用实践中，一方面遵循"山南水北为阳，山北水南为阴"对立统一的营造格局，另一方面在建造过程中也要遵循主次矛盾，不能求大而全，需要具体问题具体分析，找出适宜的解决办法。

三、国内外"风水"理论研究与实践

（一）国外相关研究论点

"风水"文化的国外传播，公元7—16世纪由于交通条件限制，主要影响以中国为核心辐射而形成的"汉字文化圈"范围，如东亚的日本、朝鲜；东南亚的越南、新加坡；南亚的印度等地。16世纪以后，随着新航道的开辟，大航海时代的开启，越来越多的传教士、商人开始往来东西方世界，"风水"理论也传播到俄罗斯、英国、法国、德国等国家。卫匡国（原名马尔蒂尼 Martino Martini）被誉为研究中国地理第一人，《中国新地图志》首次将东方人文地理以及"风水"理论、实践故事系统地介绍给

---

① 张世亮，钟肇鹏，周桂钿译注.春秋繁露 [M].北京：中华书局，2012。

西方。《牛津高阶英汉双解词典》收录"风水"一词，直译为"Fengshui"："A Chinese system for deciding the right position for a building and for placing objects inside a building in order to make people feel comfortable and happy"（中国的一整套关于指导居住地选址、建筑物建设以及室内物品陈设摆放方式的，能够使人感觉舒适和愉悦的理论体系）；再如《剑桥高阶英语词典》解释为"An ancient Chinese belief that the way your house is built and the way that you arrange objects affects your success, health, and happiness"（中国的古老信仰之一，认为房屋的建筑以及室内物品的陈设摆放方式会影响到个人的成功、健康与幸福）。上述种种都体现了西方学界对"风水"理论的正面评价。

当国外经历了"人口爆炸""环境污染""资源枯竭"等危机时，人们开始反思现代科学。后现代主义对"科学"的定义发出了质疑。现代科学一味强调功能主义的繁荣，仅仅追求提升技术，会破坏人与自然、科技与人文之间的平衡。由此，科学和发展如果不注重人文环境，不注重人与自然的结合，也将危及人类自身的生存。这就使一些学者开始研究学习中国传统文化中关于营造的理论，我国的"风水学"强调"联系、协调"等理念对于破解这些世界难题有着不可替代的指导意义。正如凯文·林奇在其编写的《城市意象》中指出的："中国风水学是一门专家们正在谋求发展的前途无量的学问[①]。"

国外研究风水理论主要涉及几大要素，包括易经、星相、占卜，其中尤以风水堪舆以实用性传播范围最为广泛。具有代表性的有李约瑟（英）在《中国科技与文明》中直接指出"风水"在具体建设实践中的微观指导作用："比如，它要求植竹种树防风，以及强调住所附近的流水的价值[②]。"他从美学的角度来研究"风水"，从而标志着西方人对中国"风水"研究的开始。到了 20 世纪，国外学者更加注重"风水"的应用性研究，逐渐在地理学、建筑工程学、景观生态学、心理学、美学等方面的研究中融入"风水"理论。提出了"风水"理论与生态学、生物能源之间可能存在的关系，并在城市建设研究中提出以"气"为营建准则，进行与环境相协调的规划设计。图 2-1 是荷兰"Master plan WAZ Holland Park Design for an eco-agricultural sightseeing park"生态乡村的设计，体现了传统中国哲学中的对称原则——阴阳二元辩证法。此外，各个领域专家针对"风水"中地理环境与村庄聚落的形成、城市营造的理论与指导以及景观生态方面的借鉴意义等多个研究方向进行了论述与分析，国际研究环境愈加重视

---

① （美）凯文·林奇著，方益萍，何晓军译.城市意象[M].北京：华夏出版社，2001。
② 李约瑟原著，柯林·罗南（Colin A. Ronan）改编，上海交通大学科学史系译.中华科学文明史（2）[M].上海：上海人民出版社，2002。

风水理论中的辩证思维与经验总结。

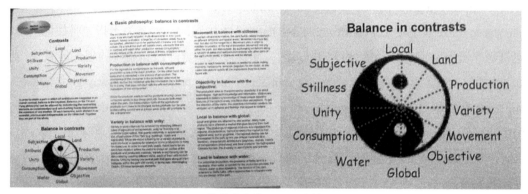

图 2-1　荷兰生态农业园区中的风水理论

（来源：园区宣传册）

（二）国内相关研究论点

彭一刚教授在《传统村镇聚落景观分析》一书中从美学、形态等要素阐述乡村的文化建筑，景观、村镇、生态逐渐在农村区域规划里占有重要位置。著名作家刘华在《风水的村庄》[①]一书中写道："村庄永远津津乐道于风水的话题。"北京大学俞孔坚教授提出"风水学"：是中国传统经验，生态经验和土地伦理，是东方思维的发展演变，是预测未来的功利思维。同时在《景观：文化、生态与感知》[②]中提出风水是根据对时间和空间的综合分析，推进人与自然和谐相处，取得心理安宁、经济发展、身体健康的建筑艺术。"人们逐渐认识到"风水"理论在乡村规划中不仅承担了景观建筑责任，也是精神的传承、文化的血脉。

通过中国知网对主题词为"风水"的期刊文献进行检索，有 6 982 篇相关研究，其中核心期刊 1 015 篇、中文社会科学引文索引 440 篇、EI 36 篇、SCI 1 篇。主要主题分布前十的主题见图 2-2，其中次要主题还有"风水"格局、天人合一"风水观"等文献分布。作者主要分布于赣南师范学院、天津大学、重庆大学、华南农业大学等研究机构，已经形成一定研究领域带头人和研究团队，海外作者则主要分布在韩国和美国。

---

① 刘华.风水的村庄 [M].北京：商务印书馆，2014。
② 俞孔坚.景观：文化，生态与感知 [M].北京：科学出版社，1998。

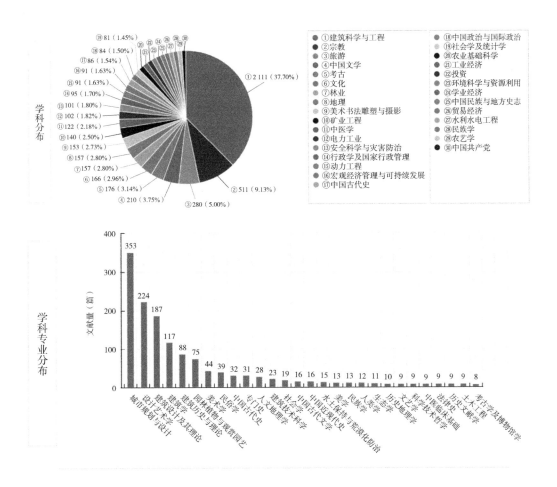

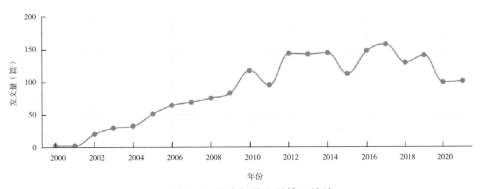

图 2-2 风水相关文献情况统计

（来源：作者自绘）

此外，还有许多硕士、博士论文对"风水学"的现代意义进行了探讨。图 2-2 是根据中国知网对主题词为"风水"的学位论文文献进行了统计分析。从年份变动上看，大体可以将"风水"研究分为快速上升期和平稳波动期。2002—2010 年是研究"风水"理论的高峰时期，这一时期涌现了许多研究"大家"，为"风水学"在各个领域的研究打下了基础。2011—2020 年，研究基本处于较为平稳的高峰值，最低为 2011 年的 95 篇，最高为 2017 年的 157 篇，其研究偏向理性化、专业化。"风水"相关的硕士、博士论文百花齐放，在研究层次上较均匀分布于社会科学以及自然科学之中。其中主要集中于建筑科学与工程、宗教、美术设计学、旅游等学科之中，学科专业分布在城市规划设计、设计艺术、建筑设计以及建筑理论、园林植物与园林赏析等专业，对应"风水学"研究热点的城市营造风水、园林建造风水以及建筑风水领域。通过更加客观地看待"风水"理论，做到取其精华，去其糟粕，国内"风水"理论研究将会走得更加长远。

面对中华民族的优秀文化传统，必须怀有敬畏之心，要坚持古为今用、推陈出新，有鉴别地加以对待，有扬弃地予以继承。从科学角度来说，现代风水学是在传统风水理论的基础上，剔除封建迷信等糟粕，取其精华，以创造人与自然和谐的居住环境为目的，对自然环境以及社会环境进行考察选择，并因地制宜地应用到其他学科上进行指导。"风水学"经历了漫长的发展，在实践中与现代美学、哲学以及建筑学、园林学等进行交叉融合，进一步丰富了现代风水学的内涵及应用领域。

（三）国内外"风水"研究热点分析

1. 城镇营造"风水"

战国时期《尚书》的"九州传说"和《周礼》的"九宫格局"[①]，都针对城市营造提出了理论支持。明代的《阳宅十书》进一步对城市选址进行了论述，强调城市建造与大局山水地势、自然气候之间的统筹考量需要根据城市营造的功能进行宏观梳理。在奠定风水堪舆理论基础之上，历朝历代根据自然变化和社会发展对于城镇乡村的营造各有经验，晋代郭璞的《葬经》奠定了风水理论中"气"的核心地位，并对"风水"要素进行了介绍以及应用方法的论述。唐代卜则巍的《雪心赋》从山川理气到地理要略深入浅出、词理明快地进行阐述，使风水堪舆之学便于学习，逐渐形成学说流派。杨筠松的著作《疑龙经》《撼龙经》提出寻龙点穴的方法体系，

---

① 张青松译注. 巧工创物《考工记》白话图解 [M]. 长沙：岳麓书社，2017。

并且总结了常见行龙的规律,为风水地学应用方法的发展奠定了坚实的基础。五代黄妙应的《博山篇》在大环境上对于龙、水、穴进行了吉凶的分类论述,对明堂、阳宅建造等进行了经验总结。宋蔡牧堂《发微论》将风水堪舆与地理相结合,在聚散篇和向背篇中回归了本源生气的探索,在感应篇中强调气感的本质意义是揭露山川变化的规律,而不是所谓的吉凶感应。明代蒋大鸿的《秘传水龙经》、刘伯温的《堪舆漫兴》是山水勘察经验的集大成者,对龙、山、水等地理要素进行了总结编撰,使得风水堪舆之术更易于应用。清代赵玉材的《地理五诀》从五行歌诀和罗盘入手,以"龙、砂、水、穴、向"五诀进行地理实践。林枚的《阳宅会心集》列举了"城市说"和"开城门论"等[①]。此外,高见南《相宅经纂》、姚延奎《阳宅集成》等也对人居环境建设以及家居摆放的"风水"讲究进行了总结。清代陈梦雷在《古今图书集成》中设有堪舆部,对洛阳、绍兴、福州、杭州等各地城市、建筑的风水进行了分析。

到了近代,随着传统文化的复兴,人们在"风水"理论研究和应用实践中对村庄营造以及城镇建设进行了有益探索。其中,王其亨的《风水理论研究》收录各家之言,是 1949 年后最早从宏观上对古风水学进行新解的著作,对传统文化、阴宅阳宅、景观园林、生态环境等均有涉猎,是初探"风水学"现代研究的大门。该书比较系统地展示了"风水"理论中的哲学、美学和科学内涵,及其在建筑如城镇、宫宅、陵墓等选址、规划设计中的具体应用。此外,何晓昕、刘沛林、贺业钜、于希贤等多领域专家从村镇选址、人居环境、建筑格局、城市规划和民俗发展等角度进行了现代"风水"理论研究与城镇营造应用研究,为现代城市规划提供了有益的借鉴。

2. 园林建造"风水"

园林工程从古至今源远流长,是集规划设计、营造修建、保护管理于一体的学科,力求将人为建筑与自然景观融为一体,其核心是室外空间的营造,最大限度满足人与自然的和谐相处。这一理念正是中国传统"风水"理念在小尺度下营造格局与环境布置的体现。古典园林建造尤其注重"风水"理论的应用,圆明园、承德避暑山庄、苏州留园、杭州郭庄等古典园林的建造都蕴含了"风水"的理念。

关于园林建设的研究文献非常多,其中计成的《园冶》、文震亨的《长物志》、张十庆的《作庭记》等名作,都对"天人合一"的保护自然环境理念提出了相应的要求和方法,对居室方位等提出了美与用的和谐统一。总的来说,园林建造与"风水"对

---

① 杨柳.风水思想与古代山水城市营建研究 [D].重庆:重庆大学,2005。

于自然的遵循以及保护是相辅相成的，二者之间对于方位和布局的核心理念具有较高的重合性。

在现代研究中，学者们从多方面探究"风水"中的选址布局以及五行、阴阳等要素在上古园林中的应用，见表 2-2。

表 2-2　园林"风水"研究相关专著介绍

年份	作者	专著名称	研究内容
1986	彭一刚	《中国古典园林分析》	介绍中国古典园林历史发展沿革，以建筑构图及近代空间理论对传统造园手法进行分析
1993	郭俊纶	《清代园林图录》	考证山水画对园林建造的影响
2004	王毅	《中国园林文化史》	通过梳理园林发展历程和布局特点，发现早期园林对于自然崇拜的体现，以及后期随着历史发展，园囿对于天象格局的模仿，逐渐形成了园林建造的空间观
2005	曹林娣	《中国园林文化》	介绍了魏晋南北朝时期玄学文化下的私家园林建造，以及对于风水阴阳五行的应用和象数宇宙观的表征
2006	魏嘉瓒	《苏州园林文化史》	研究了自然、经济、文化以及造园家的条件等对苏州私家园林演变发展的影响
2008	李德雄	《人居花木风水》	创新地把植物的门、纲、目、科、属、种与植物的阴阳五行属性相结合
2009	陈植	《造园学概论》	针对不同地域和不同时期的园林特点进行了论述
2010	陈其兵，杨玉培	《西蜀园林》	从历史进程、园林类型、造园艺术和园林风格方面对西蜀园林的历史、类型、艺术和风格展开论述
2011	杨鸿勋	《江南园林论：中国古典造园艺术研究》	挖掘中国古典园林存在的基本理念，为建筑、城市规划等相关专业提供参考

3. 建筑建设"风水"

建筑学一直在不断追求文化多元性，"风水"作为传统中华文明，对于自然、城市和建筑都有其独特的理论体系。近年来，我国建筑也更加注重融入中国传统文化元素，包括对"风水"理论中的美学、心理学以及实际操作方法进行借鉴。

对于建筑"风水"理论研究，天津大学提出的"风水是中国古代选择处理建筑环境的独特方术"①对建筑风水学的学科构建影响深远，到随后王其亨的《古建筑测绘》、

---

① 王其亨. 风水理论研究 [M]. 天津：天津大学出版社，2005。

程建军等的《风水与建筑》《藏风得水》以及覃兆庚的《建筑风水美学》等著作，从各角度、各学科对选址建造、方位布局等进行研究，提出对心理因素、形势解析等的深度剖析。近几年，建筑风水学向着更加具有地域文化特色研究方向发展，深入地方性建筑特点，综合其风俗、地理探讨其建筑特征，并以人文主义思想来提升建筑设计。

整体来说，建筑风水是将尊重自然、利用自然的理论应用在建筑中，在不违背自然规律的条件下建造符合人民需求的建筑物。达到真正的人与自然和谐统一，并且符合城市社会的发展进步。建筑风水大体分为两派，一派是注重建筑存在的空间研究，对山水形态的研究学习，重视建筑的内部结构和外部空间进行互动，满足"形"与"势"的统一和谐。另一派是注重建筑与自然之间的和谐统一，对建筑环境物质、人居环境等进行指导，达成建筑环境微气候的打造。总体来说都是根据建筑周围的地理环境来确定位置、高低朝向、平面布局、建筑采光以及外表的造型与色彩搭配等。此外，关于室内装修，"风水"理论也得到了广泛的应用，包括家具装修、色彩搭配以及家具的具体摆放等内容。越来越多的建筑设计师将"风水"中对于角、尖的避免和设计融入室内设计中，有效减轻房间的危险感和压抑感，或是将格挡、错层等空间设计融入其中，更加合理地利用空间达成舒适居住空间。

四、"风水"理论要素

（一）天人合一——道

天人合一最早源于庄子的道家学说，讲求顺应法则、道法自然，四时交替不尽，而天地人三才相循环，打破藩篱解放人性，达成道法自然。随着儒家思想的发展，董仲舒提出"天人感应"论，这时"天"的意象发生了改变，不仅强调自然，也逐渐转向具有神学色彩的天意，强调与天地的沟通。"道"不断地融合发展逐渐形成了中国哲学的基本特点，即和谐性、整体性以及美学性。

人与自然的和谐性。葛洪在《抱朴子内篇》："天道无为，任物自然，无亲无疏，无彼无此也[①]。"强调事物的发展具有客观性，顺应自然就是遵循客观规律的要求，是人与外物和谐共生，达成统一体。

人与自然的整体性。《黄帝内经》中"人生于地，悬命于天，天地合气，命之曰

---

① （晋）葛洪，吴敏霞译.白话抱朴子内篇[M].西安：三秦出版社，1998。

人^①。"进一步阐释了人与天地沟通之道，在于"气"。天地生气一方面在于宇宙大环境下，人与自然的和谐；另一方面是人体自身的五脏六腑之气的循环。

人与自然的美学性。天人合一的审美感受在于脉秀力丰，山清水秀的自然美与心灵愉悦、文化繁荣的文化美相结合。不仅是自然审美的赏心悦目，还是生活环境的安然恬静，清洁的水源、丰厚的土地自然会带给人满意的精神享受。在中国由于"诗以明志，歌以咏怀"的文化传统，历代体式的文学作品皆以山水言事，正是辉映了《管氏地理指蒙》中的"务全其自然之势，期无违于环护之妙耳"^②风水主张。

"五步一楼，十步一阁；……各抱地势，钩心斗角。"建筑的气势通过文字之美传递出来。王昌龄关于诗的物境、情境、意境，在其《诗格》表述为：物境为自然之物，情境为当时之事，意境则在于思之于心的审美感受，在于文字流传千古的"气势"。

"风水学"中讲的"气"，首先是"地气"。第一要明确"气"不是指气候，而是一种整体之间的相互关联、沟通的作用。类似于现代科学中的辐射、心理场，并不能简单地用有形和无形来界定。赵九峰言"风有八风：前有凹风，则明堂倾卸，案砂无有，堂气不收，牵动土牛，主贫穷绝败。后有凹风，则臂寒，必是无鬼无靠，穴星不起，主夭寿、子孙稀。左有凹风，必是龙砂软弱无情，长房伶仃孤寡。右有凹风，必是白虎空缺不获，小房败绝夭亡。两足有凹风，则是子孙朝拜进贡之所低陷，非冲射堂局，即水口斜飞。荡家败产，有必然矣^③。"

在"气"中最重要的是"生气"。上天下地中有阴阳二气相合，包含水、土、大气等因素形成生态循环的过程，是事物发展变化规律。在实践应用中是指引选址布局的寻龙依据，是规划营造点穴的评判标准。明清时期先贤依据自有经验以及古书整理，注重进行人与自然种种关系的系统性总结，尽管由于科技发展水平，以及封建制度等原因限制了时人的目光和思维，但是"风水"理论已经形成了许多令人惊艳的成果。明代熊明遇在《格致草》中将自然界中的风雨现象与历史中的记载相对应，总结其产生的原由。制作《日火下降、旸气上升图》（图2-3），以联系的观点阐释了"风、雨、雷"源自天地清灵正气，同时还总结了诸如"云被阴压降而为雨，雷散成风"^④等自然规律，其中更是提出了明确的大气循环、水土循环的生态循环模式。

---

① 田代华.黄帝内经素问校注[M].北京：人民军医出版社，2011。
② （三国）管辂撰，一苇校点.管氏地理指蒙[M].济南：齐鲁书社，2015。
③ （清）赵九峰著，郑同点校.故宫藏本术数丛刊《地理五诀》[M].北京：华龄出版社，2012。
④ （明）熊明遇，徐光台校释.函宇通校释：格致草（附则草）[M].上海：上海交通大学出版社，2014。

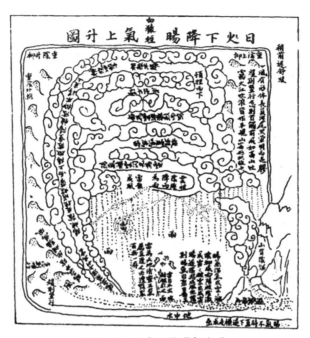

图 2-3 日火下降旸气上升

（来源：《风水理论研究》）

　　综上，将"气"归纳为三种，首先是地气，是山川地脉自然发生中的整体与部分辩证关系；其次是天气，是大气循环、气象生发等事物变化规律的总结；最后是心气，指人的心理感受，心情的愉悦能够给人带来居住生活的满足。"天地人"三者的和谐就是生气（图 2-4）。

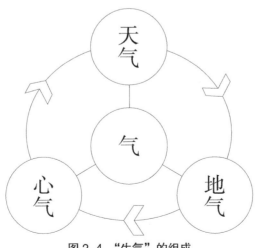

图 2-4 "生气"的组成

（来源：作者自绘）

（二）天地之数——河图、洛书

"河出图，洛出书"被视为祥瑞降临、有圣人出世之兆。河图洛书相传是八卦易经、阴阳五行之术推演的来源，但是追溯宋代之前的文献，除文字记载外未有其具体图式，这也造成了"图九书十""图十书九"两派众说纷纭未有定论。这里采用朱子朱熹的观点，即"图十书九"之论，朱熹编撰《周易本义》卷首附河图洛书图（图2-5、图2-6），朱熹认为图书之学传自周易，故其解亦要符合周易之数。《系传》第九章讲"天一、地二、天三、地四、天五、地六、天七、地八、天九、地十。天数五，地数五，五位相得而各有合；天数二十有五，地数三十，凡天地之数五十有五，此所以成变化而行鬼神也[①]。"这是河图的"十数阵"（表2-3）。洛书盖取龟象，故其二四为肩，六八为足，左三右七，戴九履一，五居中央，这是洛书的"九宫算"。其奠定了数、理、象三者的基本关系，即数而象存、象而理存。根据象数关系以及方位，又总结出数列的相对应，根据事物的循环发展辩护以天地五行，和河图四象之理，奇数为阴，偶数为阳。然后根据方位与季节的变化，从夏之南到冬之北，完成阴阳的变化，成为化始，以此得出，天地定位，山泽通气，雷风相薄，水火不相射，形成对立统一的体系，就是先天八卦。

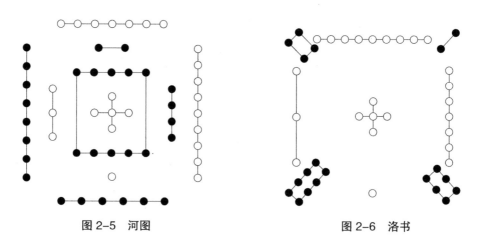

图2-5　河图　　　　　　　　　　　　　　图2-6　洛书

表2-3　河图中数理方位八卦关系

数字	五行	方位	八卦
一、六	水	位于北，列于下	坎卦、乾卦
二、七	火	位于南，列于上	兑卦、坤卦

---

① 李朋编著.图解周易全书[M].沈阳：辽海出版社，2017。

续表

数字	五行	方位	八卦
三、八	木	位于东，列于左	震卦、艮卦
四、九	金	位于西，列于右	巽卦、离卦
五、十	土	居中	

朱熹和蔡元定从学理角度分析象、数，在《易学启蒙》第一篇"本图书"中："天地之间，一气而已。分而为二，则为阴阳，而五行造化，万物始终，无不管于是焉。……盖其所以为数者，不过一阴一阳，一奇一偶，以两其五行而已[①]。"其中数字除五、十之外二二相对，分列四方，五与十相守而居乎中。这些分配布局包含天地之十数、万物五行相生之数、大衍占卜之数等。由图 2-7 可知，河图五行之说，北水南火、东木西金、中间土，左旋而生是河图左旋之说。洛书的象数来自河图，但是洛书仅将象征为阳的单数放在了正方位，此为四正：代表春、夏、秋、冬。而象征为阴的数放在交叉顶点，是为四隅，代表立春、立夏、立秋、立冬，"四时八节"便完成了一个一年四季的轮转。洛书数卦相配（图 2-8），横纵交叉皆得 15 之合，据说周文王取自先天八卦之象名，按照洛书九宫重新排列，卦象微变始成后天八卦（图 2-9）。

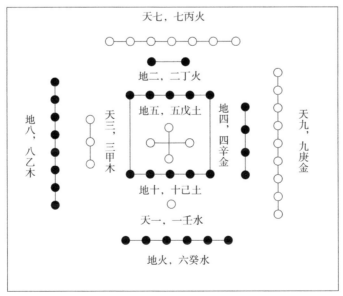

图 2-7　河图五行十天干图

（来源：作者自绘）

① （宋）胡方平，（元）胡一桂.易学启蒙通释周易本义启蒙翼传 [M].北京：中华书局，2019。

4巽宫	9离宫	2坤宫
3震宫	5中宫	7兑宫
8艮宫	1坎宫	6乾宫

图2-8　洛书中的数与卦名

（来源：作者自绘）

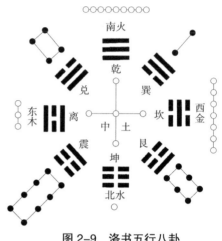

图2-9　洛书五行八卦

（来源：作者自绘）

（三）三生万物——阴阳

"阴阳"最早的文字记载见于《诗经》："既景乃岗，相其阴阳"，指在山岗上观测日影，向日为阳，背日为阴①。说的是日影观测，又逐渐由此引申了日晷计时、地理定位、建筑定向等研究。许慎在《说文解字》里说，"阳，高、明也。""阴，暗也。水之南，山之北也。"从字之本意诠释了风水阴阳向背根源于日照时数和太阳辐射强度的不同所造成的小气候差异。除此之外，古人在观察万事万物的过程中发现不仅明、暗相对，事物皆有对立统一的一面，而这种对立统一又推动了事物的变化发展。这也就是《易经》中阐释的："易有太极，是生两仪，两仪生四象，四象生八卦（表2-4）。"《朱文公易说》"自今观之，阴阳函太极也。推本而言，则太极生阴阳也②。"《管子》四时篇中："是故阴阳者，天地之大理也；四时者，阴阳之大经也。"及至阴阳相交，产生风雨、四季变化、万物负阴而抱阳，衍生出独具特色的传统哲学体系。

表2-4　阴阳综合辨析

阴阳	字义	两仪	四象	八卦	卦画符号
阴	暗	偶为阴	太阴	坤、坎	▬　▬
			少阴	震、兑	
阳	明	奇为阳	太阳	乾、离	▬▬▬
			少阳	艮、巽	

① 孙法智著.诗经悟道：国学演讲作品集[M].郑州：河南人民出版社，2014。
② （宋）朱熹，朱鉴.朱文公易说[M].上海：上海古籍出版社，1989。

　　"风水"理论的"阴阳"代表一种辩证统一的关系，由"阴阳"这对反义词能看出其对立性的特征，一方面阴阳是对立的、矛盾的，天与地相对、男与女之别、上与下相对、君与臣之别等相互关系。但是反过来看，阴阳又是相互依存的，没有阳，就不会产生阴，同样没有阴，就无所谓阳，阴阳同生共存。

　　"风水"实践中的"阴阳"，除开天时的演变，还包括地利的山川之理。《水龙经》论山水之阴阳"天地之气，阴阳互根。山峙阴也，水流阳也，不可相离[①]。"再加之中医中人体阴阳属性的区分，得出建宅营造的阴阳理论。《黄帝宅经》序说："夫宅者，乃是阴阳之枢纽，人伦之轨模。"其《总论》则提出："是以阳不独王，以阴为得。阴不独王，以阳为得。亦如冬以温暖为德，夏以凉冷为德，男以女为德，女以男为德之义。""若一阴阳往来即合天道，自然吉昌之像也[②]。"所以先人在营造建筑时，既要注意天、地、人三者相合，与万物相生，也要注意使阴阳二气相平衡，达到既符合审美要求，又利于人居舒适。

（四）相生相克——五行

　　作为中国哲学最基本的组成要素，五行学说的起源说法很多，大体形成于夏商之际，渗透于自然学科、历史文化、政治制度、中医理论等方方面面。五行理论认为其基础组成是金、木、水、火、土五大要素，其五者之间的生克作用构成了万事万物的发生、发展、变化以及消亡的过程。《黄帝内经》中："天有四时五行，以生长收藏"，所以五行还与四季相对应。木是生气"曰曲直"，是植物生长生命循环的开始，所以木属性春季；火"曰炎上"，是阳气上升的炎热，所以火属性夏季；金"曰从革"，是从大量矿石中提炼出的成果，是打造器物的肃杀，所以金属性秋季；水"曰润下"是气向下降，聚云成雨雪的过程，是瑞雪兆丰年的润土吉兆，所以水属性冬季；"土爱稼穑"由于土是农业生产的直接载体，所以土具有生长、包容、孕育的作用，故有"土载四行"之说。《黄帝内经》中还探讨了人与五行的关系："天有五行，御五位，以生寒暑燥湿风；人有五藏，化五气，以生喜怒思忧恐[③]。"阐释天地节气变化、人与自然、人体内脏器以及五种情绪的内在联系。

　　五行生克理论，体现了先人物质动态平衡观念。用"相生"表示协助、帮助推动等有利的促进作用。"相克"，其一指某一方完全压倒性地胜过另一方，其二指具有阻

---

①　（清）蒋平阶，李峰注释.水龙经 [M].海南出版社，2003。

②　佚名.黄帝宅经　插图全译 [M].北京：九州出版社，2001。

③　田代华.黄帝内经素问校注 [M].北京：人民军医出版社，2011。

碍或者相互矛盾的关系，图 2-10 五行生克及方位阐述了五者之间的生克关系。

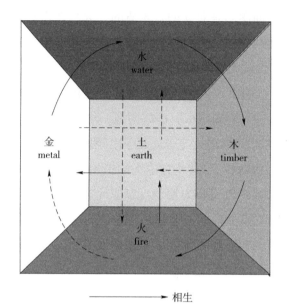

$$\longrightarrow \quad 相生$$

$$-----\rightarrow \quad 相克$$

图 2-10　五行生克及方位

（来源：作者自绘）

在中国传统哲学宇宙中，五行学说认为以土与金、木、水、火杂以成百物。其中包含着朴素的唯物主义思想，既认识到物质的基本构成是物质，也对物质的运动变化提出了辩证的转化论，认为五行产生万物，与自然世界以及社会发展甚至人体健康息息相关。以木火土金水的特性为中心，根据各种现象、特征、形态、功能、表现等进行分类归纳，将各种纷繁复杂的现象理出规律，由此得出一定的对应关系（表 2-5）。

表 2-5　五行关系对应

五行	方位	气候	味道	五脏	五官
木	东	风	酸	肝	目
火	南	热	苦	心	舌
土	中	湿	甜	脾	口
金	西	燥	辛	肺	鼻
水	北	寒	咸	肾	耳

（五）相地之术——地理"五诀"

相地之术是古人结合自然认识和数理科学对山川地形进行知识总结以及对疆域区域进行建设指导的方法，可以认为是中国的地理学以及中国传统区域规划的理论方法。虽然相地之术仍有一些较为主观或是囿于时代认知不足而归结于神秘的内容，但是其更加偏向对山水地理的理性认识与应用。许多风水著作中，相地之术中对人居环境勘测与营造实践至今仍然具有指导作用。

三国时期的管辂著有《管辂易传》《管公明隔山照》等著作，其主要研究领域仍是以周易占卜为主的数术，但是其对地理堪舆的经验总结为后世奠定了相地基础。后人托名管辂而作的《管氏地理指蒙》比较全面地论述了古代地理理论，将五行学说应用其中对山势地形进行了论述。

唐代杨筠松是相地形势派代表人物，在理论上强调因地制宜、因龙择穴。其著有《撼龙经》《疑龙经》《青囊奥语》《天玉经》《玉尺经》等，为形势派的发展奠定了基础。其中《撼龙经》更是被誉为龙脉风水的权威著作，被誉为"中国古代测绘学之最"，将"龙、水、向"有机结合，以吉凶判断其优势劣势等方法，奠定了相地之术的理论基础。

唐代曾文遄师承杨公，著有《寻龙记》《青囊奥语》《青囊序》等，其中《寻龙记》编撰寻龙口诀，较为明快地阐述了不同山形水势的特点及环境影响，对寻找龙穴的方法进行了阐述。

唐代卜应天著有《雪心赋》，建构了词理明快的风水理论体系，涉及风水学的各个层面，既有山形水法的图示描述说明，又有理气的提炼阐释，强调依形就势，灵活运用。

唐末黄妙应著《博山篇》，分别从龙、砂、水、穴、明堂这五个方面来对山脉和水系进行了归类研究，对看山问水寻龙辨势进行了提炼总结，为营造人与自然和谐的环境提出了可能。

北宋辜托长老（又称静道和尚），著有《入地眼全书》总结风水学，归为"龙、穴、砂、水、向"五字。即：龙要起伏屈曲活动为主，砂要缠护抱穴朝案分明，穴要气脉窝藏穴晕为的，水要逆朝横收平净为佳，向要净阴净阳依水所立。言简意赅地总结了相地之术之精华。

明代徐善继、徐善述著《地理人子须知》具体阐述风水理论和风水应用。对前人著作进行了总结分析，并在此基础上提出了自己的思考和辩证。同时对之前的风水实践进行了考察辨别，以图表等形式对龙砂水穴的风水应用进行了论述，具有极强的实证意义。

明末蒋平阶著《水龙经》对"水"进行了全面论述，被称为"中国相水第一书"，补全了相地之术中对水的认识和利用，系统而详尽地总结了水龙相法，其平洋水法为后世水法构建提出了创新性的理解。

而清代的《地理五诀》①是形势派相地之术的集大成之作，其作者赵九峰先生在自序中写到成书原因："因遍访地师覆验，类皆指画空谈，不能直断祸福。窃思地理之学当不如是之无凭，遂自买形家书数十种反复研，穷三四年。""著为《地理五诀》，其龙分生旺死绝，穴看阴阳真气，砂辨得位失位，水详进神出煞。又立一《向诀》，以为四科统属。"《地理五诀》是在总结前人风水勘察理论基础之上，结合作者的实践思考，对相地之术进行的总结和凝练，并配以图解和相应的吉凶论断，较为直观地将风水理论和地理勘察相结合，最终形成了地理五诀，分别从"觅龙""察砂""观水""点穴""取向"五个要素对相地之学进行了总结。"觅龙"是对山脉的起止形势的考察，"寻龙捉脉""寻龙望势"是视角下的大环境观形察势；"察砂"是对吉祥地周围群山的考察，是顺承龙之吉凶的关系；"观水"是对水的来源、走势和质量三个方面进行考察，并应用水的交流沟通作用承载生气；"点穴"是综合考虑寻找最适宜的真穴吉地，通过寻龙点穴，确定内外相适应的吉地；"取向"是根据子午、壬北方位选定建筑物的朝向，根据中轴原则等进行景观建筑的补缺，使整体风水相和谐，促进协调发展。

综上，"地理五诀"是指"龙、砂、水、穴、向"，分别从"觅龙""察砂""观水""点穴""取向"五个要素、五个步骤对相地之学进行了总结。其实质，是把地质、地貌、气候、土壤、水文、植被以及地理方位等自然环境要素归结为五个方面，根据五个方面的本身条件及其相互关系来决定人居的选址、规划、设计和布局，有着一定的科学内容。但这并不是说"地理五诀"就全部是科学。一方面，"地理五诀"把山比作龙、虎、狮等，有利于建立起人与自然环境的密切相关，相互作用的思想，但却阻止了人们进一步去探讨自然现象的本质；其次，后人在"地理五诀"的应用中把一些完全不相干的事物硬凑在一起，添加了许多虚无、迷信的内容，"异化"并歪曲了其中的核心理念，这就要求我们在"古为今用"的同时牢记"取其精华，去其糟粕"。表2-6列举了"地理五诀"的原义及其现代意义。

---

① （清）赵九峰著，郑同点校.故宫藏本术数丛刊《地理五诀》[M].北京：华龄出版社，2012.

表2-6 "地理五诀"原义及其现代意义

简称	名称	"五诀"原义	现代意义
龙	觅龙	山脉形势	宏观大环境观形察势
砂	察砂	小山、地形	因地制宜、资源勘察
水	观水	水源、势、质	水质、交通、生气
穴	点穴	真穴吉地	地质检验、内外相合
向	取向	朝向、景观补缺	建筑物方向、中轴原则

五、现代规划——乡村规划"六诀"

乡村空间规划"六诀"是在传统地理"五诀"的基础上，结合新时代乡村规划更加注重"多规合一"的空间规划内涵，以数字沙盘技术为核心，古为今用，继承发展而形成的乡村规划方法。如表2-7所示，现代乡村规划方法沿用了传统形势派的地理"五诀"中的"龙、砂、水、穴、向"，和中华优秀传统文化相结合，和现代科学技术相结合，乡村规划"六诀"增加了"图"诀，继承发展为"龙、砂、水、穴、向、图""六诀"，其方法和目标也得到了补充和完善，并赋予新的时代内涵，即：觅龙，龙要真；察砂，砂要秀；观水，水要抱；点穴，穴要吉；取向，向要的；绘图，图要灵。

表2-7 乡村空间规划"六诀"

简称	名称	古代意义	现代意义	乡村规划新解
龙	觅龙	龙要真。对山脉的起止形势的考察"寻龙望势"	整体大环境观形察势	政策引领；国内外环境；机遇
砂	察砂	砂要秀。对吉祥地周围群山的考察，四圣兽的解读	因地制宜；固态化自然资源：地形、地貌、植被、景观、文物等	勘查资源；地形分析
水	观水	水要抱。对水的考察与分析	流动性自然资源；信息流、科技流等流动性社会资源	流动要素的影响（人才、资金）
穴	点穴	穴要吉。综合考虑寻找最适宜的真穴吉地	要素集聚区，地形与适宜方位相配合	村庄四至；研究对象
向	取向	向要的。选定建筑物的朝向	建筑物方向；对称原则（中轴），产业选择	确定方向；制定乡村振兴路线图
图	绘图	图要灵。生动表现规划的情景	多维空间的情景推演	数字沙盘

第三章

乡村空间规划之"龙诀"

一、"觅龙"原义

龙，又称作龙脉，是中国传统选址建设的相地基础。"地理之道首重龙。龙者，地之气也。"龙是沟通人地关系"生气"的发源地，以及顺乘生气延续的脉络。"觅龙"，是对山脉的主脉及其支脉的分布规律和起止形势的考察。龙，代表着大气脉，"寻龙捉脉""寻龙望势"，是在大视角下对环境整体的观形察势，以挑选"吉祥地（主龙山）"，确定建设选址。

龙大体可以分为山龙和平洋龙。山龙即山脉，《管氏地理指蒙》："指山为龙兮，象形势之腾伏"将山脉走势称之为"龙"。平洋龙亦称水龙，《水龙经》有云："龙落平洋如展席，一片茫茫难捉摸，平洋只以水为龙，水缠便是龙身泊。"平原之上山脉余脉渐消，那么寻龙就要以水为准（图3-1、图3-2）。《地理五诀·卷八》的"山地平洋论"提到："龙分阴阳两片，取水三叉细认踪，此看平洋之妙诀也"，平洋地多无起伏，凡是周围皆水环绕，中间微高，露出水面者，即是平洋龙。体现了中国古代的形势范围观，以及脉络观。

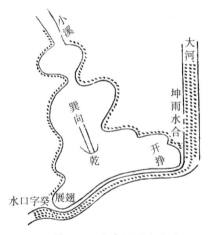

图3-1 寿高丁旺水龙法

图3-2 临官帝旺归文库水龙法

"龙"是有走向的，"气"依附于"龙"，走向和"龙脉"一致。觅龙，即探寻随山川而起伏的"气"与"势"。根据龙脉气势走向，龙又分为吉龙和凶龙（表3-1、图3-3）。就山龙而言，吉龙是"真龙"，能够迎气、生气，显得秀美丰润、势雄力足、雄伟磅礴；凶龙是"老龙""死龙"，体现为崩石破碎、歪斜臃肿、树木长势不良。通常所说的"青山绿水"，山上有大量的树木，生态良好，水源得到涵养；反之山体荒芜、寸草不生，水土流失严重，"青山绿水"就变成"穷山恶水"。

表 3-1 山龙吉凶简介

名称	特点	典型
吉龙	弯曲勾连，重重叠嶂；相互照应，生气顺延	贵龙、富龙
凶龙	逆脉夺气，不见后路；蠢粗直硬，杂乱无章	贫龙、贱龙

吉龙图 凶龙图

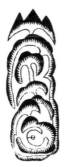

顽龙　　翻花龙　　劫杀龙

图 3-3 吉龙与凶龙

(来源：《绘图地理五诀》)

风水学认为，"龙"不能断，"龙"断则"气"断。以现代科学的角度来看，"龙"断处其实就是指地震断裂带、地裂缝等不良的地质状况，容易出现冲沟、滑坡、崩塌等现象，将会造成严重的经济损失，甚至威胁到人民的生命安全。

1."山龙"主导大环境体系

中国古人"觅龙"，是在大视角下对大环境整体架构的观形察势；"山龙"通过分析我国主要山脉的分布情况，构建了对大环境体系的认知雏形。"地理五诀"中对我国整体的地形地貌有昆仑、分龙、龙之结聚等论断。

昆仑：《赤霆经》中提到"昆仑柱天，万脉由起西北，绵亘幽寒，幽寒莫脂，为背为项，为眷为羣，下为赘臀，上为发际。"古人认为昆仑山是神话的发源地，是世界的边界。这是由于受科学技术条件以及认识程度的制约，古人对山川的调查西止于昆仑山。但是先人用自己的智慧总结出中国的地势总体形势为西高东低，且地形复杂。这与我国三阶梯排列，从高原盆地到平原丘陵，地形地貌复杂多样的实际情况是相一致的。

分龙：先人根据自身科学知识以及调研经验，将中国山川地脉分为三大干龙，即北干龙、中干龙和南干龙。《撼龙经》阐释其"须弥山是天地骨，中镇天地为巨物。如人背脊与项梁，生出四肢龙突兀。四肢分出四世界，南北东西为四派。"北龙位于黄河与鸭绿江之间，从昆仑山起始，延伸到长白山以西，今人考证北龙并未终止于此。中龙蜿蜒于黄河与长江之间，或者说自古的两条大河将中龙拱卫其间。中龙在阿尼玛卿山源头同时生发出两支，沿地势前行最终交汇于大巴山直至入海。自古以来中龙直接连接了西边高山和东边大海，所以"气势"极旺，古蜀文明，六朝胜地十代都会，可谓是横亘中国土地的一条脉络。对于南龙，根据唐代杨筠松和明代刘伯温的考据其走势略有不同，但是都倾向于南龙应为连绵最广的一条龙脉，起止点应均出国界。中国古代风水学在研究"龙"的时候并没有将目光局限于域内，这也给今天的乡村空间规划提出了要有远大的目光和广阔胸怀的要求。其中从大干龙中分出各自成体的衍生脉络，有的状曲而气势不弱的是为小干龙，从大龙脉分支而气势弱小的是为支龙。

龙之结聚："大为都邑帝王州，小为郡县君公侯。其次偏方小镇市，亦有富贵居其中。"三大干龙结聚者为国都朝代，往往只有一国之势能承载延绵中华的山川地势。与此同时，受人口起源、生存条件限制，中国八大古都均分布在三龙中后部位。其中小干龙，聚之成省城；大支龙，聚之成州邑；小支龙，聚之成乡村、阳宅以及阴地。

2. 平洋龙指导下的规划依据

在没有地表起伏的平原地区，如何寻找龙脉？《地理五诀》卷八的"山地平洋论"提到"龙分阴阳两片，取水三叉细认踪，此看平洋之妙诀也"，平洋地多无起伏，凡是周围皆水环绕，中间微高，水不到者，即是平洋龙。

"第一要知龙之生、旺、死、绝有两样：屈曲活动，气势雄壮，是龙形象的生旺。蠢粗直硬，是龙形象的死绝。龙入首之际，是生旺方，是死绝方，是理气的生、旺、死、绝。"平洋龙是支龙余脉在平原的延伸，可以看作是对原始地形的掌控。由地理学知识可知，山脉的形成是因为地壳的断层和褶皱。两个板块相互推挤，地壳弯曲变形抬升会形成地上明显的山峰，但是其板块互相推挤的余势依然存在，显示在平原之上仍有迹可循，古人将之总结为平洋龙。所以要求它既要符合主龙大环境的气势指向要求，满足对上位规划主龙的承接，同时也要连接下面的具体实施情况，使其一脉相承有迹可循。

二、"龙诀"新义

"地理五诀"中的"龙",就是山脉体系,是古人对大环境整体观的主体框架的认知,等同于在规划建设中提到的地形地貌和工程地质条件分析,"山龙"代表着有形可见的大山脉体系,"平洋龙"则代表着不那么平缓的平原地区和水域。

在空间规划实践中,不仅要对研究区所在区域的地形、地貌、地势根据政策大环境和整体区位和地势优势进行分析,还要根据地势大环境对规划方案进行定势,并据此确定规划原则,总领规划方向。

1.政策"寻龙"

在乡村规划上,"龙诀"就是先为乡村规划"定势",将基础规划背景、规划依据确立。然后再根据"龙脉"的因势利导,对规划整体思路进行指导,使得规划设计有理有据。

在规划实践之中应当从政策大环境要求出发,跳出古代风水理论中的龙脉山脉概念,在自然地理的龙脉之外,匹配好国家政策与法规。根据不同政策类型,逐层推进寻龙脉络顺势而为,即在城镇化的市场经济发展主线中,规划出符合自然规律的人居环境、符合当地生态要求的产业结构,且能够把经济发展纳入绿水青山,永续生存的"龙脉"之中,只有觅出这样的"龙脉",才能抓准可持续发展规划对示范区的政策法规保障,更好地运用国政以及市场和资源,使规划出的乡村更具生命力。

根据政策制定规划依据,确保乡村空间规划的合法性以及合乎标准性,宏观把握规划的可行性(表3-2)。解读政策不仅是寻找规划依据、设计规划思路,还在于更好地与当地优势结合,切实改变"规划规划,纸上画画,墙上挂挂"的随意态度,制定"一脉相承"具有连续性、时间进度的总体规划规范。既包括发展特色农业,确保农业增效、农民增收,改善农业生态环境,也使规划后的乡村能够落实实施,达成聚拢人气、获得活力,完成可持续发展的战略目标。

表 3-2 规划依据

政策类型	政策依据
宏观管理政策	是上位规划,整体调控范围内规划设计方向
农业现代化建设支撑	明确支持、帮扶农业现代化进程
本地区经济发展政策	因地制宜,发展经济
具体规划要素与科技	在做某项具体事情的时候给予直接意见

2. 环境定势

定势分析主要包括对区位优势，整体山势、地形的把握，是决定乡村规划基本构建格局的支配因素，不仅确定了规划区域的边界以及规划空间的内外层次，还影响着区域空间结构体系内整体的能量转化以及资源循环发展。

此外，"远为势，近为形，势言其大者，形言其小者。"龙言其势，还在于归纳相应地势的宏观布置，为其大局定势。体现在对政策的落实上，在符合基本国情的大政方针指导下，结合地方实际进行规划。因时因地制宜，任何一个乡村规划总的指导思想一定是在符合可持续发展战略的前提下，以大聚的胸怀，完成小聚的实践，将国家的大政方针，分解细化到具有指导作用的规划方案中来，使规划本身既是政策的传承者，又是新农村建设的执行者。

3. 原则指导

规划原则是规划项目的立项、规划、建设、发展所依据的准则，能够结合规划思路主题确定具体规划的战略定位。所以在制定规划原则的时候，既要符合政策指导性大政方针，也要考虑到规划项目地方的具体地形地势等大环境要素。

三、规划实践案例

以河南淅川福森丹江生态农业园区规划（以下简称淅川规划）为例，"龙诀"的应用在于根据政策大环境和整体区位地势优势的分析，根据地势大环境对规划方案进行定势。

如图 3-4 所示，园区整体分为三大部分。根据政策制定规划依据，确保园区规划的合法性以及合乎标准性，宏观把握规划的可行性。同时解读政策不仅是寻找规划依据、设计规划思路，还在于更好地与当地优势结合，切实改变"规划规划，纸上画画，墙上挂挂"的随意态度，制定"一脉相承"具有连续性、时间进度的总体规划规范。既包括发展特色农业，确保农业增效、农民增收，改善农业生态环境，也使规划后的农业园区能够落实实施，达成聚拢人气、获得活力，完成可持续发展的战略目标。

另外，"势"需体现在对政策的落实上，在符合基本国情的大政方针指导下，结合地方实际进行规划。因时因地制宜，任何一个农业园区规划总的指导思想一定是在符合可持续发展战略的前提下，以大聚的胸怀，完成小聚的实践，将国家的大政方针，分解细化到具有指导作用的规划方案中来，使规划本身既是政策的传承者，又是新农村建设的执行者。

　　"远为势，近为形，势言其大者，形言其小者。"龙言其势，还在于归纳相应地势的宏观布置，为其大局定势，并结合政策分析为规划提供思路和原则。

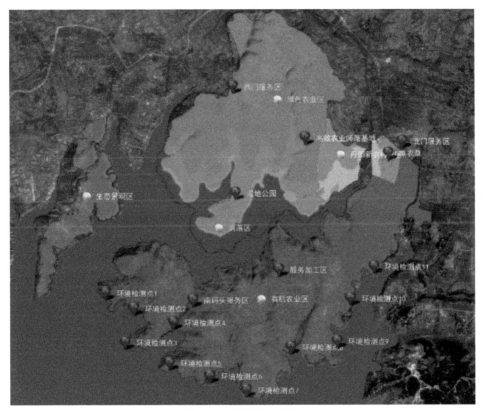

图 3-4　园区总体规划

（一）项目基础与政策分析

　　农业园区，是融国家政策、资源条件、科技水平、产业规模、文化内涵等诸多要素为一体的现代农业产业体系，是大力推进农业现代化的一种新型农业经营模式，也是引领本地农村发展，带领农民致富的优势平台。多年来，我国国家农业科技园区和省级农业园区成功建设的经验表明：农业园区已经成为区域农业现代化的示范基地，加快园区建设是加速传统农业向现代农业转变、促进农村经济发展、建设社会主义美丽乡村的必然选择。纵观全局，为了避免地方性盲目性的短期利益行为，做好园区的整体规划，必须规范农业园区立项审批标准，符合国家农业现代化的基本要求，在发挥地方特色的同时确保全局利益的良性发展，由此国家政策的宏观调控不可或缺。大体可分为宏观管理政策、科技支撑政策、经济发展政策、要素聚集政策、文化教育政策、风险防范政策、生态环境政策等。所以政策解读是确定规划依据、规范规划标准的上层建筑和先决条件。

现代规划中的"觅龙"应当从政策大环境要求出发，跳出古代风水理论中的龙脉山脉概念，在自然地理的龙脉之外，匹配好国家政策与法规。即在城镇化的市场经济发展主线中，规划出符合自然规律的人居环境、符合当地生态要求的产业结构，且能够把经济发展纳入绿水青山，永续生存的"龙脉"之中，只有觅出这样的"龙脉"，才能抓准可持续发展规划对示范区的政策法规保障，更好地运用国政以及市场和资源，使规划出的农业园区更具生命力。表 3-3 为淅川规划所涉及的政策方针，作为规划依据它们贯穿在规划始终。

表 3-3　淅川规划依据

政策类型	典型政策	政策依据
宏观管理政策	《中华人民共和国城乡规划法》	是上位规划，整体调控范围内规划设计方向
农业现代化建设支撑	《现代农业发展规划（2011—2015 年）》	明确支持、帮扶农业现代化进程
本地区经济发展政策	《丹江口库区及上游地区经济社会发展规划》	因地制宜，发展经济
具体规划要素与科技	2010 年中央一号文件《关于加大统筹城乡发展力度进一步夯实农业农村发展基础的若干意见》	在做某项具体事情的时候给予直接意见

解读政策提供规划依据（表 3-3），不论是国家对三峡南水北调中线工程河南段的宏观定位；还是政府对确保农业增效、农民增收、改善农业生态环境提出的区位发展策略；在综合利用自然资源、考虑库区的特别要求以及淅川农业特色实际上，因地制宜地以生态农业园区来实现可持续发展国策。政策之龙与地理之脉，都对建设生态农业园区提供了支持。同时也是地方政府响应十八大号召，建设"美丽淅川"的重大举措之一。

根据南水北调中线工程对丹江口大坝的蓄水要求，规划组模拟制作了水位线从155 米上升到 172 米时的消落区地形变化，按照规划园区分为 A、B、C 三个大功能区。对比各区的消落区的位置如图 3-5 可见，A、B 两区消落范围较大。由表 3-4 可知，A 区南部的消落区面积为 4 260 亩（1 亩≈667 平方米，全书同），B 区的消落区面积为 2 135 亩。反观非消落区地形轮廓似乎呈现为动物形状，隐约显现的图形恰恰暗合了古代建筑规划中的青龙、白虎、朱雀、玄武分布之势。符合风水理论三会局，辛子丑会水局属北方，寅卯辰会木局属东方，巳午未会火局属南方，申酉戌会金局属西方的分布。

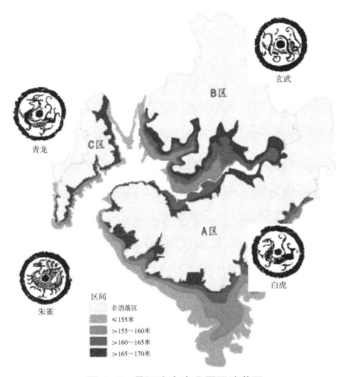

图 3-5 丹江生态农业园区消落区

（来源：多维信息平台自绘）

表 3-4 A、B 区南部消落区分区统计

消落区	高程范围（米）	面积（平方米）	面积（亩）
A 南 1	≤155	1 188 122	1 780
A 南 2	>155~160	782 797	1 170
A 南 3	>160~165	427 498	640
A 南 4	>165~170	449 386	670
总计	—	—	4 260
B 南 1	≤155	40 805	60
B 南 2	>155~160	366 563	550
B 南 3	>160~165	488 475	730
B 南 4	>165~170	530 641	795
总计	—	—	2 135

综上，在分析政策的时候，既要充分考虑园区内的自然环境和资源分布，符合国家的宏观管理要求；又要保障调水中线工程顺利实施，满足园区的生产、生活和生态发展要求；还要满足未来的发展空间，为提升库区及上游地区经济社会发展水平创造条件。若比照风水理论顺势而为之，风水吉地自然浑然天成。把摸准政策方针和自然地理中的"龙脉"统一起来，作为构建农业园区发展的大方向，不但是淅川规划的意义所在，也是指导其他农业园区规划的大趋势。

（二）基于 GIS 的定势分析

定势分析主要包括对区位优势，整体山势、地形的把握，是决定园区规划基本构建格局的支配因素，不仅确定了规划园区的边界以及规划空间的内外层次，还影响着园区结构体系内整体的能量转化以及资源循环发展。

规划园区（图 3-6）位于河南南阳市淅川县，丹江口水库东北岸，东经111°35′28″～111°38′53″，北纬 32°47′20″～32°51′33″。淅川县是中原地区重镇，位于河南、湖北、陕西三省的交汇处，秦岭处于昆仑—秦岭—太行龙脉一线，是中国地理的南北分界线，《三秦记》中记载"秦岭东起商洛，西尽汧陇，东西八百里。"秦岭以长江黄河之水滋养着秦川八百里沃土，更是孕育了十三朝古都西安，延续了三千余年的建城史，是中华民族不朽的骄傲。由于秦岭隔断了南北气流，所以形成了相差甚远的南北地域差异与文化差异等，形成一山分南北，南北集一山的独特景象，无愧是明堂开阔，聚气正穴的风水宝地。此外，淅川还是南水北调中线渠首和水源地，60 万亩的丹江水库镶嵌其中，是调水工程优质水源的供给地，同时园区也要为移民安置提供居住地和更好的生存条件。

丹江口库区及上游地区地处秦巴、伏牛山区，两条支脉相交于丹江口水库，地形逐渐趋于平原地形，龙脉从高处落平形成了典型的平洋水龙，仔细寻找龙脉显出交集，起先审视两旁，看大水方位以及流向，合以定龙势行止，杨筠松在《撼龙经》里提出这种龙形要注重"水绕山缠在半坡，远有围山近有河"。水龙先寻水口，此处位于汉水中上游，地形弯曲形成水库，能够最大限度地聚集生气，同时总来水巽向，入水口在癸，水中形态如开挣展翅。形成了逆转倒流归正库的水法格局，主大发富贵，人丁兴旺。结合山龙支脉余势，淅川园区规划西面区域呈状半岛蜿蜒，两水绕土坪形成案山护卫，有保生气交融并不相冲。于是预判结穴处应在东北角，适宜居住生活、人丁兴旺。良好的龙脉趋势带来了显著的区位优势，独特的自然条件和生态环境，造就了特色农业，区内三个自然村的农业设施相对较好，生产基础也适合因地制宜地综合发展。

福森丹江生态农业园区作为淅川县区域现代农业的示范基地，合理的园区规划能够加速传统农业向现代农业转变，促进农村经济发展，建设社会主义新农村。园区包括丹江口水库东北岸边的河南省淅川县香草镇的胡岗村、阮营村、土门村三个建制村，整体规划红线范围总面积为12.54平方公里，合18 812亩（包括部分规划外区域）。

规划区域整体地势，以丹江水系的一条分支为中心，三块陆地成环抱之势，这为整体园区的藏风聚水提供了先决条件。

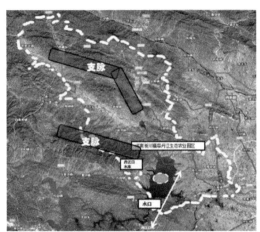

图 3-6　河南淅川福森丹江生态农业园区区位规划

（底图：谷歌地球；规划：作者自绘）

1. 高程分析

高程是农业园区规划建设之初必须要考虑的要素之一，因为其代表着土地资源的环境因素，能够直接影响区域发展与农业生产。以丹江口水库采用的吴淞高程为基准，园区的高程范围为148～277米。平均高程为193.7米，高程变异的标准差为22米。各个高程区间的面积分布如表3-5和图3-7所示。

表 3-5　各个高程区间的面积分布统计

高程区间（米）	面积（平方米）	面积（亩）	面积比（%）
≤170	1 343 220	2 013	10.74
>170～200	7 021 512	10 527	55.95
>200～230	3 254 000	4 878	25.93
>230～270	890 624	1 335	7.12
>270	32 632	48	0.26

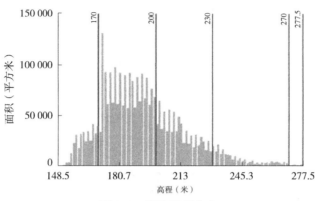

图3-7 高程区间分布

（来源：作者自绘）

结合对比园区高程分布（图3-8）可知，园区地貌主要为丘陵岗地，通常情况下高程对温度具有直接影响，而农作物的长势和产量及环境温度具有直接关系。大约56%的土地的高程在170～200米，大部分耕地也在这个高程范围里。园区北部B区连接秦岭余脉，所以西北部地势略高，但整体地势以缓坡为主，由北向南地势逐渐减低。

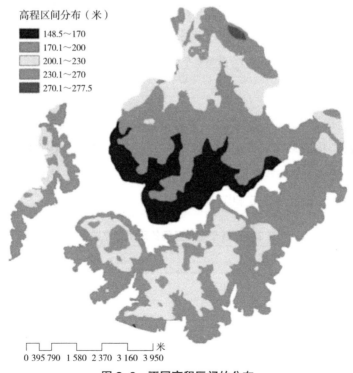

图3-8 不同高程区间的分布

（来源：多维信息平台自绘）

上一节已经介绍水库蓄水后，将形成较大范围的消落区，适宜湿地公园、绿色农业的有机开发；园区南部 A 区以山岗为主，三面环水，且基础农田设施完善，适宜多元化规划集散，东部地势平缓，和陆地相连；西部 C 区是入湖山岭，形成一个小型半岛，陆上资源与浅水资源丰富，拥有较好的生态基地。

2. 坡度与坡向分析

理论上自然坡度并不是农业生产的决定因素，但是由于其对水土含有量的影响，以及对于种植业的影响均较大，因此往往作为园区规划中的必要条件进行勘察分析。淅川园区毗邻丹江湖畔，非山地平原，属于舒缓起伏丘陵地带，其整体呈东南向西北逐渐平缓（图 3-9）。北部坡度较缓，大部分地区的坡度在 7° 以下。东部除园区边缘，总体坡度也在 7° 以下。园区南部 A 区是丘陵山岗区，地形起伏较大，其中在南岛（A 区）北边边缘，地势陡峭，坡度较大。总体来看，平均坡度为 8.4°，坡度变异标准差为 7.3°。能够满足将西南方进入的"气"，随地形起伏缓缓导入北部较为平整地带，并以"凹"环水之势将"生气"聚于规划园区范围之内。结合表 3-6 以及图 3-9 分析各个区间的坡度分布可知，园区内超过一半的土地的坡度在 7° 以下。结合园区坡度区间分布情况和规划区域内现有生产情况以及过往经验可知：0°～7° 为平缓地，拥有 10 232 亩，

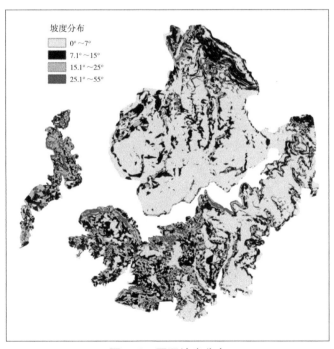

图 3-9　园区坡度分布

（来源：多维信息平台自绘）

表 3-6   园区坡度区间分布统计

坡度区间	面积（平方米）	面积（亩）	面积比（%）
0°～7°	6 825 316	10 232	54.4
>7°～15°	3 769 516	5 651	30.1
>15°～25°	1 470 312	2 204	11.7
>25°	476 588	714	3.7

占总面积的 54.4%，土地完整性较好，水土保持状况较稳定，这对于园区内规模种植和生产有利。同时也有利于合龙明堂的具体建设，水主财气穿曲蜿蜒于三岸高地，形成元宝形聚宝盆地势，元宝本就有圆满、向上的意义，加之水之生气，形成了良好的地势基底。在园区规划时应该考虑土地坡度对种植模式的影响，根据地形合理布置农产品品种和种植形式。对于坡度较大的，可以布置不需要或者较少需要机械作业的品种、需要排水条件较好的作物。

坡向定义为坡面法线在水平面上的投影与正北方向的夹角，即从正北方向开始，顺时针旋转到法线在水平投影线间的夹角。坡向对于山地生态系统有着诸多影响。由于阴阳向背源于日照和太阳辐射，由图 3-10 可知，园区日照对于不同坡向的影响，由南坡、东坡、西坡、北坡依次由强到弱。对于坡向的影响因素还要考虑迎风坡降水量大，相对影响温度的变化。因此，需要根据不同的坡向布置和规划不同的作物和植被。坡向分析对规划园区有重要的参考作用。

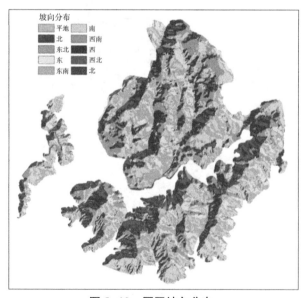

图 3-10   园区坡向分布

（来源：多维信息平台自绘）

（三）规划思路与规划原则

总体规划思路为"15555"：利用多维信息空间农业规划平台；围绕"高效农业、经济林果、苗木花卉、中草药、观光旅游"五大产业；优化配置"自然、技术、人才、资金、信息"五类资源；完善"种苗培育—种植生产—初精加工—开拓市场—休闲文化"五个环节的产业链；提升"科技培育、精品培育、产品培育、会员培育和品牌培育"五大能力。

之所以布置"15555"规划思路，源于在"图书理论"之中，"5"处于正中，《周易》中讲"天五生土，地十成之"之言，就是说"5"这个数代表方位是中间，主掌"土属性"，但是纵观淅川园区其中心位置在于消落区，区域属性将由"土"变为"水"，而且在五行生克理论之中，土克水而生火。天一生水，由于三峡工程大量注水，水平面上升，淹没大量土地。那么想要保持围绕周围的三区陆地与消落区的水土平衡，达到保水固土的生态目的，尽量增加"5"之数，利用五大资源建立五大产业环部于三区之内，达成气不外溢，相生平衡的规划建设。

规划原则是规划项目的立项、规划、建设、发展所依据的准则，能够结合规划思路主题确定具体规划的战略定位。所以在制定规划原则的时候，既要符合政策指导性大政方针，也要考虑到规划项目地方的具体地形地势等大环境要素。分析淅川园区规划政策依据以及园区基底及风水环境，制定5条基本原则，详见表3-7。

表3-7 园区规划原则

名称	具体内容
总体设计原则	生态原则，科技原则，人文原则，效益原则，服务原则
规划实施原则	高标准规划，高质量建设，高效能管理，高水平经营
产业布局原则	因地制宜，综合利用，节约资源，循环经济
项目选择原则	市场导向，生态环保，体现特色，扩大就业
园区建设原则	遵循经济、社会和生态三个效益平衡原则，处理好休闲体验、农村社区、加工物流、科技示范和生态发展之间的关系，做到布局合理，科学可行

第四章

乡村空间规划之“砂诀”

一、"察砂"原义

砂，即主龙四周的小山。黄妙应在《博山篇》"论砂"中说"两边鹊立，名曰侍砂，能遮恶风，最为有力；从龙拥抱，命曰卫砂，外御凹风，内增气势；绕抱穴后，命曰迎砂，平低似揖，拜参之职；面前侍立，命曰朝砂，不论远近，特来为贵[①]。"这里，"砂"不仅是山的具象，还是指代一种与"龙"的关系。

"察砂"，是对吉祥地周围群山的考察，判断吉祥地周边的小山顺承主龙的吉凶关系。《葬经》曰："势来形止"，是谓全气。而气可以上升下降，变幻莫测，全靠砂来护卫。主龙山左右的山称为"护砂"，即青龙、白虎；位于主龙前方的小山丘，近者为案山，远者为朝山。古代对理想的"地理"模式强调闭合的地形，护砂是否呈"环抱之势"便成为判断砂之贵贱的依据。理想的状态当属所谓的"四神砂"，假借天上四方星宿的名字来命名位于吉祥地左右前后四个方向的小山，也就是"左青龙"（位于吉祥地之左）、"右白虎"（位于吉祥地之右）、"前朱雀"（位于吉祥地之前）、"后玄武"（位于吉祥地之后）。当然，砂的形体也是判断吉凶的根据，只有秀丽端庄的"砂"才算是吉祥的。因此，具备了秀美形态的"四神砂"所在，在各种尺度下都会是一个首选。以"四神砂"对龙脉之势进行守护，既体现了中国古代的宗族观，也体现了"风水"理论中点对点的直线关系，将五行学说融入砂型之中（图4-1），以五行相生推动春华秋实的生命悸动，形成了集四方四时之间循环相生的整体辩证思想。

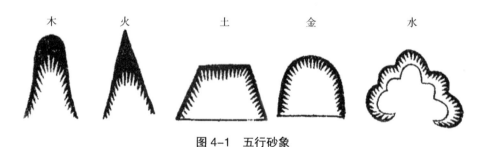

图 4-1　五行砂象

（来源：《绘图地理五诀》）

[①]　郭璞.四库存目　青囊汇刊（1）青囊秘要 [M].北京：华龄出版社，2017。

二、"砂诀"新义

资源是自然资源和社会资源的总称，"广义说，资源是人类创造的，它是自然界、人类（劳动力）和文化（科学技术）相互结合的产物。"自然资源是决定乡村基本职能的必要条件，同时土地、气候等要素间接决定了居民的居住形式和生产形式。所以说自然资源能够直接影响园区的发展前景和发展规模。而社会资源是反映园区物质精神文明进步程度的指向标，决定其产业结构和发展水平。二者相互映衬，以完整的数据为乡村规划提供多种发展定位。勘查资源指的是在规划制定过程中，结合实地调研数据资料以及地区现有自然资源情况进行综合分析。为规划分析而进行的调研是立项的基础，也是规划的依据。同时也是因地制宜、可持续发展的根本要求。

"察砂"既是顺应龙脉之下的山石地貌，又是对自然资源的进一步调研分析。以土壤分析为例，土壤是由各种元素组成的大自然主体，大部分情况下含有氧、硅、铝、铁等元素。古人创造"五色土""辨土法""秤土法"等风水实践方式，用以判断土壤五行元素、吉凶要素是否适宜人类建宅生活。而现代可以采用精准的科研技术，直接分辨土壤成分、元素含量等数据。对吉凶的判断，以现代知识来理解就是土壤中如果重金属含量过高，一是破坏土质，影响作物种植，例如近些年极度猖獗的"镉大米"等造成的粮食安全危害。二是对地下水资源造成不可逆的破坏，影响人类健康，造成环境恶化。如果在现代乡村规划时，忽视了产业与环保的关系，诸如癌症村等自然界的生态惩罚就会不断发生。因此，一如古人用风水堪地时，需因形就势进行"察砂"，今天在乡村规划调研期间，也必须要对土壤的成分进行相应的调查，发现危害成分为规划中采用农业修复、生物修复提供依据，同时又要保证规划布局的产业不对土壤环境造成新的破坏，这样才能在规划过程中合理地发挥资源优势，做到趋利避害，达成最佳的布局。

这一点，前人也早有认知。明代王同轨《耳谈》"衡之常宁米阳立锡，其地人语予云：'凡锡产处不宜生殖，故人必贫而迁徙[①]。'"可见，古人谈风水，并非一味玄幻，其中的科学依据总是随处可见，以上论述，正是乡村规划中所必须考虑的聚集和环保两个因素。

在乡村规划中，本书依据对政策的分析进行整体形势的指导，其后对即将进行规

---

① （明）王同轨撰，孙顺霖校注.耳谈 [M].郑州：中州古籍出版社，1990。

划的每一寸土地进行考察，通过资料的收集和实地分析，对园区的概况、地形地貌、土壤、气候、农林业生产条件等进行勘察调研，对水文地质状况进行环境保护评估，然后进行现状问题分析和发展条件的评价。

砂是土地要素、是气候要素、是生物要素，是对自然资源进行勘察与分析的依据。以求园区规划能够充分发挥砂的土地地基与空间立足点作用，充分分析砂的土壤生产能力，充分利用砂的气候适应能力，以及砂的农林生产条件综合调研分析规划范围的自然条件，并根据分析结果综合评判规划空间布置的合理性，最终将园区内外的资源勘察与协调配置结合起来。做到察而信，非察不足以确定规划后的园区是否适宜人的生产生活、是否适宜可持续发展。砂的意义变迁见表4-1。

表4-1   砂的意义变迁

古代意义	现代意义		
古人以砂拨山形而相授受，故谓之砂。护龙而庇穴者	土	土壤：土壤的类型、品质以及人文寓意等	随着科技的进步以及规划理念的发展，现今乡村建设过程中除了水土基本元素的实地踏勘，还要掌握气候、地形、农林生产以及产业现状等自然资源的数据与评价分析
	山	小山：山的形体方位，山势坡度，阴阳坡面等	
	形	地形：平原、盆地、山区、丘陵等基本地形地貌特色	

其中"自然资源"对应土、山、形三行。

三、规划实践案例

在乡村规划中资源要素勘察、分析、配置是最重要的步骤，农业自然资源要素是决定农业生产的物质基础，包括气候资源、土地资源、生物资源、水资源、海洋资源等。随着规划工具的不断进步，借助ArcGIS技术能够将不同土地运用类型、土地面积、位置等情况完全呈现出来，使区域勘察更加详细且具有说服力。本章节仍以淅川土地资源及气候资源的现状以及分析为例。

1. 土壤条件分析

土壤是作物生长的基础，是农业生产的首要资源。王祯《农书》绘制全国农业风土以及生产状况图，阐述"审方域田壤之异，以分其类，参土化、土会之法以辨其种，如此可不失种土之宜，而能尽稼穑之利。"并"视其土宜而教之"，这是最朴素的因地制宜的理念。随着城镇化的不断推进，对于土地的开发强度不断加强，如何优化土地利用类型，优化资源配置是对土壤进行分析的根本目的。

由表 4-2 可知，淅川园区规划范围内土壤以黄棕壤和黄粘土或红粘土为主，土层较薄，弱碱性土壤，温带、热带植物均适生，种类繁多，资源丰富。胡岗村、阮营村、土门村三地有机质较为平均，其中阮营有效磷含量较多。土门土壤中含铁量过高，需要优先进行治理，并且规划种植时注意选取植物类型。园区由于多年缺乏有效的水土流失保护措施，表层土壤流失严重，土壤广泛出现砂石化。底层为灰钙土，使得园区内土壤的 pH 值在 7.8 左右，呈碱性，且土壤有机质含量较少，肥力较低。

表 4-2　规划区土壤养分分析

规划区	有机质（g/kg）	全氮（g/kg）	有效磷（g/kg）	速效磷（mg/kg）	缓效钾（mg/kg）	pH值	铜（mg/kg）	锌（mg/kg）	铁（mg/kg）	锰（mg/kg）
胡岗	13.6	0.58	7.6	223.4	954	7.9	0.65	0.45	16.61	41.1
阮营	14.4	0.67	36.7	220.7	841	7.7	0.59	0.50	10.19	15.2
土门	14.9	0.52	19.9	234.1	988	7.8	0.67	0.58	429.07	13.5

2. 气候条件分析

淅川气候温和，四季分明，雨量充沛。历年日照时数平均为 2 046 小时，日均 5.6 小时，日照率 45%，日照率 8 月最高，为 52%；3 月最低，为 39%。历年平均气温 15.8℃，最低为 14.7℃（1984 年），最高为 16.6℃（1966 年），7 月气温最高 28.4℃，1 月气温最低，平均为 2.2℃，气温年温差为 25.9℃。历年平均降水量 817.3 毫米，年最大降水量为 1 162.8 毫米，出现在 1964 年，年最小降水量为 391.3 毫米。一年中，7—9 月降水最多。历年年平均气压为 99.39 千帕，出现在 1967 年 1 月 19 日，最低气压为 97.10 千帕。历年平均风速为 1.8 米 / 秒，风力为二级，历年最多风向为静风，频率为 34，其次为东南风，频率为 15，再次为西北风。

淅川县地处伏牛山南侧，阳坡面多，并且东部、北部、西部以及西南部为高山环绕，尤其是西北部山多且高，中间又为丹江河、老灌河两条狭长的谷地，形成天然屏障。冬季寒流侵袭，受高山阻挡，使寒流强度降低，所以冬季比较温暖。夏季由于日照强度大，对流弱，所以温度高，热量多，具有发展种植农业的有利条件。资料显示，淅川县是河南省热量丰富区，除适宜种植温带作物外，还能种植亚热带作物，比如棕榈和柑橘。因紧邻大型水库，降水量及降水频数增加，温度及湿度变化增大，加之受季风影响，规划区内无霜期较长。实地观测证明，冬季当陆面出现大幅度降温时，水体中的岛屿、半岛和水库临近小区，由于受到水体的调节作用，使其温度下降缓和，愈近水库气温愈高。丹江水库的水体影响范围约 5 公里。

气候因素通过光能资源以及热量直接影响淅川园区的农林业生产情况，在整体规划布局中，要综合考虑气象因子对主要作物的影响（图 4-2），进行农业种植规划、绿地规划以及植被景观规划，合理利用淅川一年四季的种植时间，使地有所丰产亦有所休养。

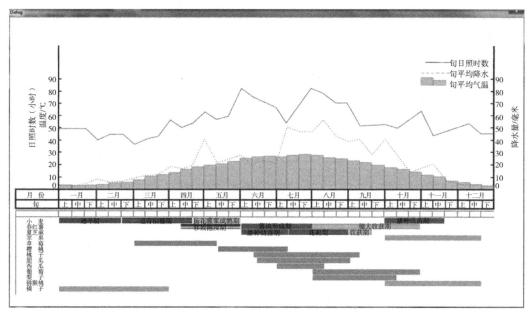

图 4-2　淅川主要作物历

（来源：作者自绘）

3. 农林业生产条件

规划区项目区位于香花镇，西濒亚洲最大人工淡水湖丹江口水库，是南水北调中线工程水源地和渠首所在地，规划区项目实施地点布局在香花镇，涉及胡岗、阮营、土门 3 个建制村及 34 个村民组。其中胡岗 11 个村民组，阮营 15 个村民组，土门 8 个村民组，共 3 365 人。土地面积达 17 平方公里以上，耕地面积 13 500 亩，有效灌溉面积 4 200 亩。

规划区地表植被分布受土壤类型、土地利用类型和土壤深度等条件影响，整个规划区 75% 以上属于旱地，主要植被分布是林地以及少量的灌木等。土壤板结沙化严重，造成土壤贫瘠，影响了农作物的种植。因此改善规划区土壤结构对未来植被种植类型有重要影响。规划至 2014 年，规划 B 区南部 170 米以下水域将新增 2 300 亩，根据调研，被淹没 2 300 亩地 95% 以上属于良田，种植小麦、玉米等，土壤肥沃。通过回填造田技术，将 2 300 亩耕地的地表土层回填到规划区地表，改善了地表土壤结构，又同时保护了生态环境，形成新的优质耕地环境。

小麦是淅川的优势作物，历年播种面积都高于其他作物，平均播种面积42.6万亩，占粮食播种面积的38.9%，产量占粮食产量的33.8%。小麦由于品质好产量高，是全县人民的主要细粮品种。淅川的另一主要粮食作物是红薯，历年平均种植面积21.8万亩，占粮食播种面积的20%，产量占粮食产量的30.4%。生产条件好，产量稳定。夏玉米是淅川县主要的秋粮，也是三大粮食作物之一。夏玉米的平均播种面积为26.4万亩。其他农作物包括夏芝麻、棉花以及豆科作物。

淅川林果资源丰富，主要生产草莓、樱桃、葡萄等（图4-3），预估淅川四季生产水果情况，利于顺应自然生长，合理选取水果品种，使花开不完、四季水果产出不断。使农业生产与观光、采摘等多功能融为一体，打造四季美景、美味多元园区。

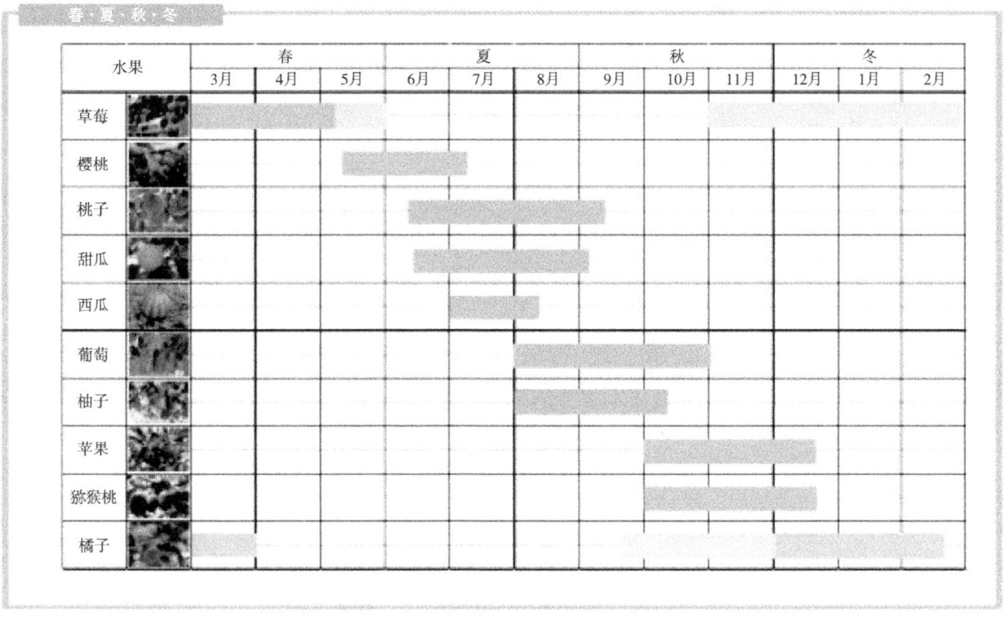

水果	春			夏			秋			冬		
	3月	4月	5月	6月	7月	8月	9月	10月	11月	12月	1月	2月
草莓	■	■	■							■	■	■
樱桃			■	■								
桃子				■	■	■						
甜瓜				■	■							
西瓜					■	■						
葡萄						■	■					
柚子						■	■	■	■			
苹果								■	■			
猕猴桃							■	■	■			
橘子	■								■	■	■	■

图4-3　淅川四季生产水果情况

（来源：作者自绘）

4. 整体形态，砂案护卫

由于三峡工程蓄水造成地形变换，等高线172米以上区域形成了左有青龙蜿蜒、右有白虎驯俯、上有朱雀翔舞的护卫格局。左右侍砂相对守望互通生机，水口在西南是最活跃的气口，以其环抱有情的格局，气乘风而止于北面朱雀砂。朱雀属火当主南方，但是同时火曰炎上，气随之上升。所以淅川形成了朱雀砂坐北朝南，朱雀头向气口西南，而甩尾西北，与水属性玄武形成迎凹之势，将生气内敛于园区之中。

美砂之贵在于回首之贵，气秀所钟，在于龙向得利之地。由图4-4和图4-5，结合园区龙脉分析，其"生气"从西南注入园区，两旁护卫环绕，东北砂地势最高，有效阻止了"生气"扩散，将吉地聚集在园区内。综合淅川土地利用类型现状，分析此时朱雀砂"生气"最旺，且具有生态耕地基础，适宜发展绿色农业。同时根据来龙去水的风水格局，适宜在B区小水库附近营造新农村社区居住用地，满足人与整体环境气脉相勾连，适宜人丁滋养。在功能上满足园区搬迁居民的居住生活要求和配套服务。以及其他配套的公共服务设施用地，包括行政办公、商业金融、文化娱乐、体育设施、医疗卫生和教育用地，园区行政办公用地等，灵活掌握吉地的翔舞之势。

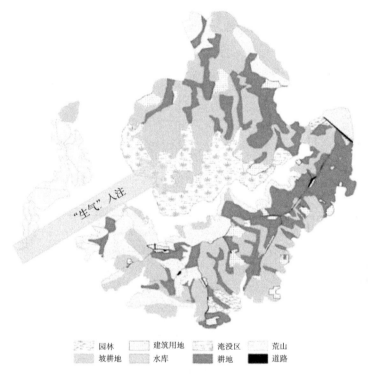

| 园林 | 建筑用地 | 淹没区 | 荒山 |
| 坡耕地 | 水库 | 耕地 | 道路 |

图4-4　园区土地利用类型风水解析

（来源：作者自绘）

园区A区侍卫白虎砂，由图4-5园区3D模型可看出，A区砂型似笔架居临官之方，合龙上玉堂贵人，旁边还有木火砂相生，利金属性坐卧西方，主收获、技术。适宜建造设施农业用地，结合现有土地利用类型，主要适宜有机花卉园地、有机农业用地、特色蔬菜、果品、苗圃等大棚生产用地。园区C区侍卫青龙砂，属东掌木，最适宜生态绿地建设，主要包括公共绿地和生产防护绿地。公共绿地包括道路两侧的绿化带以及沿水库周边设置的绿化带；防护绿地包括道路两侧的绿化带、生态防护林等。
以此对淅川规划大功能区做初步布置（图4-6）。

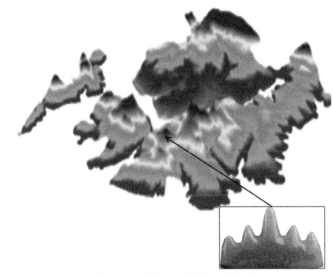

图 4-5　园区 3D 模型砂型分析

（来源：作者自绘）

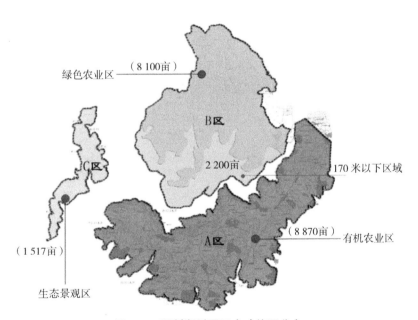

图 4-6　预判淅川园区大功能区分布

（来源：多维信息平台自绘）

第五章

乡村空间规划之“水诀”

一、"观水"原义

水，即为龙之血脉。是"生气"在水中的形态。《水龙经》："太始唯一气，莫先于水。"而"气界水则止"，缪希雍《葬经翼》水口篇："夫水口者，一方众水总出处也。"

"观水"，是对水的来源、走势和水质三个方面进行考察。古人认为水主财，因此"天门（水来之处）"要开，才能广纳生气、财源滚滚来；"地户（水去之处）"要闭，才能财用不竭，如果出水口多且湍急汹汹就聚不住"生气"且容易断流或带来水灾。风水学中讲求水的流动性，而水的走势，主要审看"水城"也就是河道的弯曲形态。"水抱边可寻地，水反边不可下"，在选址时尽量选在河道的凸岸，而不选在河道的凹岸，是为了避免洪水的冲刷和侵袭。水具有交通的作用，水的交流沟通作用承载着生气，水的走向，就是"气"的走向。不同的水所聚到的"气"的性质是不同的，表现在水质的好坏差别，好的（吉）则清明、甘甜，不好的（凶）则浑浊、苦涩。

二、"水诀"新义

水，是自然要素的一种，直接影响规划选址、园区建设及人民生活。在选址层面上古书根据观察水的形态大体将水分为朝、横、绕三类，并根据其具体的走势、流向进行了吉凶的归纳和利害成因的说明（表5-1），结合科学研究今天看来也不乏符合自然规律之处。而在生活图景里，现代人亲水特性显露无疑，人们对于流动的、变通的事物具有天然向往，"水"能带来勃勃生气的心理安全。

除选址外，在具体园区实例中，水系整齐有序有利于建立完整的水循环体系，建立农业生态带；水质直接影响人类居住点的选取，如果水系发达还可以建造有效的水运系统，同时也满足景观上的廊道与斑块的和谐关系。从选址角度分析，一般情况下百米以上的大江大河，不仅水运便捷，而且具有一定的防护作用，在经济、生活中均适宜村镇的发展建设，而较窄小的河道，河道两侧易于获取水资源，利于生产，所以多为良田。

表 5-1　对水的吉凶分析

名称	水龙三式		
	朝水	横水	饶水
形态			
简介	当面而来的水流	在面前经过的水流	逶迤环抱的水流
传统评价	逶迤曲折又气势萦绕,"之"字形较多;直冲有割,不吉	趋前而来,无反无侧为吉;横冲直撞,反侧有凶	进退相宜,环绕其间,饶水多主吉
科学评价	吉:水源清洁;水势平缓;环抱之势保卫安全;取用水方便;交通枢纽 凶:死水;水质污染;水流湍急,不宜通行;河床侵蚀,水灾频发		

在"风水"理论中,水的作用重于山的影响,"风水之法,得水为上,藏风次之。"没有水的山就没有"生气",同样,山势也限制着水势,山弯水必弯,山秀水必秀,如果山势走窜,水流就一定不归聚。水作为一种流动要素,取水之意境带来的是生气和变通;作为一种"地之血气,如筋脉之通流者也",起到沟通与连接的作用。所以往往在乡村规划中水还代表流动的社会要素,诸如道路、通信,人才、资金等资源的投入。诚如朱熹所言"为有源头活水来",现代乡村规划中,除了自然要素的考察分析,还要做到对现有产业情况、交通、水网、电网进行考察,根据资金与人才的配置,解决关键技术,确定组织机构与运行机制,这样才能更好地围绕核心区域建设功能区。如果做不到这些流动资源配套的合理规划,就好比一个现代化的园区,被建成了一座金碧辉煌却深藏于地下的阿房宫,没有阳光、空气,又怎么可能为人类的生生不息创造条件呢?老子说"水善利万物而不争",如果将流动要素合理安排,那么既能达到沟通整个园区,使园区充满活力的效果,也能做到各个要素之间的相辅相成,良性运行。

古人谈风水,砂水不分离。《博山篇》中说:"砂水相连,砂关水,水关砂。抱穴之砂关元辰水,龙虎之砂关怀中水,近案之砂关中堂水,外朝之砂关外龙水。"水乘风而生"气"、界砂而止才能聚集"生气",顺应"龙气",获得完整的资源调研情况,掌握准确完整的数据基础,以流动要素指导自然要素进行空间布局、功能定位以及进一步对规划进行定位,最大限度地发挥要素集聚效应,使乡村的生产功能和生活服务功能和谐共存;使其具有生态观光功能、科技示范功能和科普教育等功能,成为其可持续发展的动力源。

三、规划实践案例

对水文勘察的综合分析既有力保障了供水要求、防洪设施、航运交通等基本功能的设计，也直接规范了乡村基础设施和农田水利设施的建设。再者，水资源规划以及社会资源配置是协调园区整体规划以及其他层次规划内容的沟通机制。"砂之贵者，水之善者"，只有切实结合砂、水的勘察分析，对乡村发展现状做综合判断，才能为下一步"点穴"打下基础。既要满足自然资源的优化配置，也要达成对社会资源、流动要素的合理应用，才能形成人地和谐、长效发展的规划设计。因此，重要的是水，更重要的是资源流动。

（一）水文条件分析

水是自然要素系统中物质转换与能量沟通的重要来源，规划区被丹江水库环抱，具有难能可贵的生态资源，要以最大限度保存环境原有生态性为前提，并借由环境资本的整理和建设来进一步提升规划区的潜在价值以及未来整体空间环境质量。

淅川的水文情况包括水源即两个水口，园区东北角小型水库和丹江口水库，以及园区内沟道系统网络。《水龙经》言："大江大河虽有湾抱，其气旷渺。"因此"须于其旁另有支水，作元辰绕抱成胎，则七气内生，并大水之气脉皆收揽无余"。要求水之分布，不仅考察主脉流势，还要分析相应的水系支流或水网排布情况。这是对水域交通以及水流生产生活应用的辨析，如果水系发达还可以建造有效的水运系统，同时也满足景观上廊道与斑块的和谐关系。

分析库区水源进入园区形态（图5-1），其水域呈簸箕形，将库区水气收入园区。根据杨筠松的四局旺去迎生法，寻山环砂会两水交合之处，定水口，由水口来去定吉势。左水倒右出于丁，利甲卯二向为木局正旺，与砂形势相应，东方属木应和可助植物生长、万物滋养；左水倒右出于癸，利庚酉二向为金局正旺，与西方白虎砂相应和，利器物与收获，所以适宜有机农业布局；左水倒右出辛，立丙午二向为火局正旺，适宜北呈朱雀砂，属火，宜人居生活。

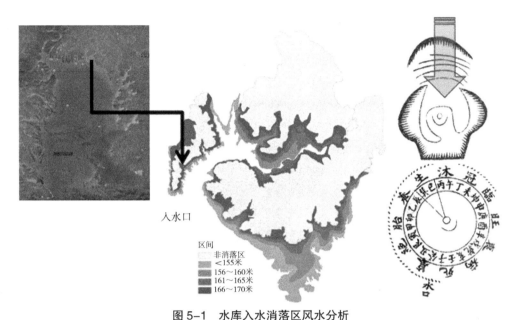

入水口

区间
　非消落区
　<155米
　156~160米
　161~165米
　166~170米

图 5-1　水库入水消落区风水分析

（来源：多维信息平台自绘、《地理五诀》）

　　水是人类生存的必要条件、动植物生长的需求要素，在很长一段时间里还是交通运输的主要承担方式，中国传统经验向来喜欢以水喻生气、人气，在"风水"理论中更是将其作为五个重要要素之一，下面将从几种水的主要意向来进行分析。

　　1. 水库

　　丹江口水库区域内，年平均降水量为 804.3 毫米，降水量年际间变化大，区内初汛较早，末汛较迟，降水年内分配不均，且地域不均。暴雨集中，强度大，历时短，入渗有限，容易冲刷侵蚀地表。由于蓄水造成消落区原植被被淹没，原生态屏障被破坏。农业生产过程中的农业面源污染易进入库区，所以新消落区急需布置生态防护隔离带，保障园区内水质安全。

　　2. 沟道

　　规划园区内无永久河道。对园区内的水文分析生成沟道网络系统，犹如生物血脉，贯通园区地块，使"生气"注入，有助于园区水土保持的监测、控制和治理。同时水法还强调"辨水"，水质直接影响人类居住点的选取，村庄农田的分布符合水系宽窄的分布规律，一般情况下百米以上的大江大河，不仅水运便捷，而且具有一定的防护作用，在经济、生活中均适宜村镇的发展建设，而较窄小的河道，河道两侧易于获取水资源，利于生产，所以多为良田。园区内沟道网络如图 5-2 所示。

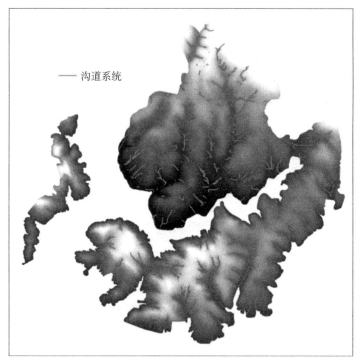

图 5-2　园区沟道网络

（来源：多维信息平台自绘）

3.水利设施

通过调研，规划区内坡度较大，地表存水能力不强，地下水资源不丰富，易造成水土流失，且园区内还存在水文现状薄弱现象。规划区内部当前水利基础设施荒废，农业生产完全是依赖自然降雨，防灾能力也很弱。现有水利工程尤其是小型农田水利工程多在 20 世纪七八十年代建设，长期以来各级政府在水利上的投入重点是大江大河的治理、防汛保安和农田水利的大型工程，而小型农田水利建设投入较少，农业靠天吃饭的形式基本上没有改观。作为水源和田间连接的灌区干渠长期失治，淤积严重，渠系建筑物完好率低，成为"卡脖子"工程。小型农田水利工程投资不力，群众等、靠、要思想严重。

为了解决水资源限制因素，以实现园区内供水普及率100%，给水工程适当超前，并保留一定的弹性为规划目标。为提高园区内部供水的安全可靠性，给水管网设计环状管网。管网及蓄水池的布置尽可能因地制宜，充分考虑各功能区的需求以及园区内部地理地貌的实际情况。根据规划区内人口发展趋势、规划用地指标普查及各用地单位用水量指标测算规划区未来用水量，根据表5-2得出规划区最大日用水量为

48 151.5～88 138.0 立方米。据此规划管网布置：新建泵房 8 处，分别位于三区及东北角小型水库；新建蓄水池 10 个，净水站点 3 个，主要用于各功能区浇灌、人畜用水；输水管道沿道路一侧布置，采用 DN400 给水管，居民社区铺设 DN150 给水管，以此满足园区水系供给。

表 5-2　不同用地性质单位用水指标

类别	用地名称	用地面积（公顷）	用水量指标（米³/公顷·天）
R	居住用地	155.3	200～300[①]
C	公共设施用地	28.9	100～150
S	道路交通用地	15.8	20～30
U	市政设施用地	14.5	25～50
G	绿地	101.1	10～30
E	水域和其他用地	—	
E1	水域	53.2	—
E2	设施农业用地	253.3	20～50
E3	园地	273.3	10～30
E4	林地	471.3	10～30
规划总用地		1 366.7	—

注：①类别 R 用水量指标为 200～300 升 / 人·天。

（二）社会资源勘察与分析

1. 产业要素

产业集群可以在规划范围的垂直或水平联系，也可以是跨园区甚至地域的产业链条建设。将资源禀赋打造成核心特色，应用园区集聚效应明确产业竞争与分工合作，使发展共享、环境共享。

项目实施范围内的胡岗村、阮营村、土门村三个建制村，辖 34 个村民组，3 365 人。土地面积 17.31 平方公里，现年耕地面积 1.35 万亩，有效灌溉面积 0.42 万亩。规划园区现有主要农作物：小麦、玉米、棉花、烟叶、辣椒等。根据淅川县统计年鉴，淅川县辣椒年交易量 1.2 亿斤[①]，年成交额 5 亿元，年出口干辣椒占全国总量的 40%，出口创汇达 2 000 多万美元。园区内三个村的粮食总产量 134 万斤，其中胡岗村 48 万斤，

---

① 1 斤 =0.5 千克，全书同。

阮营村 52 万斤，土门村 34 万斤。

2. 道路交通

道路交通是管理园区组织发展最有效的手段，合理的道路规划能够将空间有序组织起来，既利于园区自身区域互通共享，也有利于游览者对园区形成整体认识，给予明确指向。可以说道路是园区规划的经络，是推进社会资源流动要素配置的血脉。

淅川园区交通受丹江口水库保护的限制，水路受限，航空和铁路目前无法直达，需要转道南阳机场。由图 5-3 可知，陆地只有一条省级公路和一条县级公路分别经过园区东部和北部，但是内部道路勾连情况较好，有利于推进内部资源交流共享。同时，为进一步开发旅游资源，交通条件的改善是规划中的重要一环。规划范围内路网覆盖全面，道路路面结构主要分为四种：土路、水泥路面、混凝土路面和沥青路面，其中土路路面结构约占道路总量的 80%，同时水泥路面的宽度约 3 米，道路通行不便犹如经脉阻塞。同时强调主要道路的特色，如果缺乏这种特色，会大大降低园区的可识别性以及方向指导作用。为了完善规划区内路网，建立等级明确、功能合理，并能与园区周边道路衔接良好的道路，经对原有路网进行延伸或拓宽改造后，与新设路网沟通连接，形成全新道路网系统。主要形成"一圈 + 两轴"的主干道格局（表 5-3），支路都围绕主干设计建设。

图 5-3　园区道路分布情况

（来源：多维信息平台自绘）

表 5-3 道路规划断面

道路分类	红线宽度（米）	断面形式	机动车道数
主干道	18	3（人）+12（机）+3（人）	3
次干道	15	3（人）+9（机）+3（人）	2
支路	12	2（人）+8（机）+2（人）	2

（1）"一圈"：以等高线 172 米为基础，建设贯通并串联规划区的公路环线，形成规划区联动空间格局，道路红线宽度 18 米。

（2）"两轴"：按规划产业重点发展方向和布局，在 A 区以规划东西贯通的丹江大道为主轴，为有机农业发展区东西发展主轴；B 区以规划南北贯通的福森大道为主轴，为绿色农业发展区南北发展主轴。道路红线宽度 15 米，并以此联通其他纵横交错的各支路，由此形成园区道路网。

3. 通信要素

不同于古代"阡陌交通，鸡犬相闻"的生活图景，现代通信是人与人交往的最主要手段之一，园区内的"通信"也成为构建园区管线所必不可少的分析要素。现有电讯路线主要是 A 区电信塔一处，能够满足现有村民通信要求。但是随着园区发展，既要保障居住区居民住户的通信需求，也要预估园区生产、游览等新的需求，进行电讯要素重新规划设计，保证新设立功能区良性运行（图 5-4）。

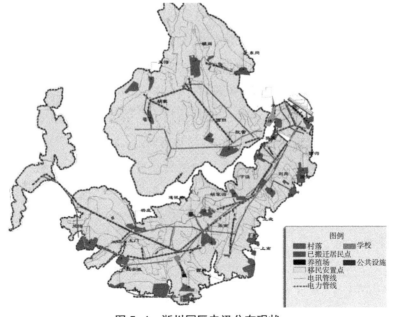

图 5-4 淅川园区电讯分布现状

（来源：多维信息平台自绘）

4. 人才要素

人才要素将是主导园区发展的创新之源，整体人才架构上，将农民变成产业化工人，通过引进的企业作为园区发展的驱动力，带动园区的发展。同时，通过技术型人才的引入，对新型产业农民进行技术培训，进入企业转变成产业工人，实现角色转变，从未来发展来看，这将成为一种必然的发展趋势。既解放了生产力，又解决了就业问题，减小了农民自身的风险，提高了收入的稳定性。

5. 环境要素

在园区规划中，进一步规定了水、土、气等环境质量要求，对农业、工业生活污染进行防治，保护植被、河道生态安全。对环境绿化和垃圾污染进行改造。目前，园区自然生态环境保护较好。暂无任何加工制造企业入驻，天然植被资源较丰富，土地利用类型较为单一。居民居住分散，部分村落已经按照丹江口库区管理进行了搬迁，居民生活垃圾等处理比较随意，在一定程度上形成园区内部的点污染源。

（1）园区内按照垃圾处理减量化、资源化、无害化和产业化的原则，建成布局合理、技术先进、资源得到有效利用的现代化垃圾治理体系。加大生活垃圾处理设施投入和环境综合整治力度，提高垃圾处理率和资源利用率，从而保护园区内生态环境，打造美丽丹江。

（2）园区内人、畜粪便经处理主要作为种植农作物的肥料进行利用，畜禽类粪便可采用堆肥技术，对有机废物进行分解腐熟形成肥料，既保护环境，又达到有效利用。使用过程中，注意次生环境的污染问题。

（3）园区内生活垃圾采用桶装分散收集，由垃圾运输车将桶装垃圾运输到垃圾处理厂，最后由垃圾处理厂对垃圾进行处理。

在环境绿化上，重点规范消落区土地种植行为，引导适合消落区的种植作物，禁止高秆农作物种植，及时组织清理耕种遗留的秸秆等易漂浮物，严禁使用农药和化肥，加强消落区土地耕种的监督检查，减少土地耕种造成的面源污染和水土流失。可结合景区打造，拓展旅游资源，改善水上景观，建设亲水平台。同时，构建以"沉水、浮叶植物带—挺水植物—湿生灌丛、湿生乔木—库岸绿化带"为主的河岸四带缓冲系统，有效拦截污染物入库。

第六章

乡村空间规划之"穴诀"

一、"点穴"原义

穴,"夫山止气聚,名之曰穴",一般指住宅所立之基,在阳宅中也叫"明堂"。在地理"五诀"中,"穴"被认为是"气"随着"龙"而来所聚集的控制点;杨筠松把建筑的"穴"位与人体内的穴位相比。风水中讲求真龙真穴,即"穴不虚立,必有所依""以龙证穴""以砂证穴""以水证穴",综合龙、砂、水的所有勘察结果对"穴"进行确定,以证明是"阴阳之枢纽"即为"点穴"。真穴就是通过点穴寻找最理想的风水模式(图6-1)。房屋住宅的"穴"位周边地形起伏间阴阳相配、相得益彰;以"穴"定居,则可使住户身体健康,子孙繁衍,财源广大。

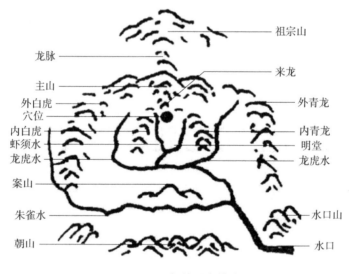

图6-1　理想的风水模式

"点穴",通俗来说,就是通过对山与水的形势和地理条件,以及自然环境等因素的综合分析,最终确定各种景观意向最适宜、最理想的"真穴吉地",确定内外相适应的核心建筑基址。人们通常说:"山环水抱,适宜人居",即三面环山,后有依靠,高大巍峨,左右护卫山势连绵,前有流水生生不息。而处于其中的明堂能容万马,视野开阔,气象万千。"从现在看来,穴是指地象中特异带的相交汇之处,该处气场最强,聚气、敛能,信息通量也强,是大地进行物质、能量、信息交换的通道。"

二、"穴诀"新义

1. 现代"穴诀"意义变迁

"千里来龙，千里结作；百里来龙，百里结作；十里来龙，十里结作。喝形取象，名类万殊，总不外乎此也。"龙之余势有结穴之处，这个结穴之处就是集形势之佳、地利之便，以及资源条件优越之美形成的"吉穴"。风水理论上说寻龙易点穴难，因为不仅要掌握整体形势，还要对资源进行分析，更要注重配置布局范围内的结构，以及协调功能关系。晁错曾对汉文帝谏言："臣闻古之徙远方以实广虚也，相其阴阳之和，尝其水泉之味，审其土地之宜，观其草木之饶，然后营邑立城，制里割宅，通田作之道，正阡陌之界。"讲明只有在勘察山川水土，营造种植生产之后，才能让人民长久居住、世代发展，以保戍边安稳。先民考察万物，择址而居，既要顺应形势，即国家戍边政策的要求，也要勘察土地之法、辨水泉之味、观郁草茂林，才能选定吉穴以求长久发展。

穴是规划空间内的集聚处，本书在寻找最优区位时，选定的一个核心区。中国古代以元圆为完满，所以"穴"体现的是一种层层围合的最佳状态，中心是内向围合，再次半围合，最后外向围合，几个区域分布达成一种均衡的空间布局。不但打破了传统城镇、乡村建设"坊市"分离的区域布局，将居住区、商贸区与生产加工区相互融合，在大环境的指导下进行交融与合作，使得园区规划交互发展、共同促进，使规划建设能够解决园区具体发展中遇到的问题，例如交通拥堵以及土地浪费等。

立足于乡村规划，"点穴"就是在整体规划范围有了基本定势之后，结合实地调研、资源勘查的分析结果，建设适宜生产、生活、生态"三生"融合的规划空间布局和功能定位。

2. "穴诀"新义之空间规划

空间规划是"实现改善生活质量、管理资源和保护环境、合理利用土地、平衡地区间经济社会发展等广泛目标的基本工具[①]"。结合资源优化配置、区位优势规划方法，将自然条件、社会经济以及生态环境在地理空间上进行融合，将暴力破坏式发展转变为自然与社会的和谐发展前景。

人们越发重视范围内人的需求，以及平衡居住空间、生产空间以及环境空间之间的合围关系，随着信息化的不断推进，地理信息系统、3D 技术、VR 虚拟现实技术等

---

① 王向东，刘卫东.中国空间规划体系：现状、问题与重构 [J].经济地理，2012，32(5): 7-15, 29。

新方法层出不穷，这给农业规划理念带来了新的转机。人们对规划内容、规划精度提出了新的要求，多维信息平台在时间、空间上进行合理安排，在平行空间概念下，应用计算机技术进行规划推演（图6-2）。主要从规划结构、功能分区定位以及空间布局三个层次将农业生产的需求融入乡村规划。

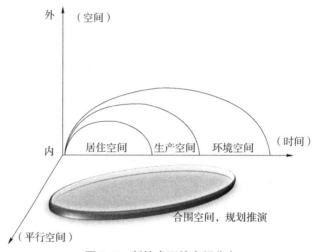

图6-2　新技术下的空间分布

（来源：作者自绘）

三、规划实践案例

从当代中国经济发展战略布局来看，无论是长三角、珠三角以及京津冀一体化等经济协同带的建立，还是更具长远眼光的"一带一路"倡议构想，都体现出了诸如以北京、上海、广州、深圳为中心向周边区域辐射的经济发展模式。可见，"点穴"的观点也暗合着这种以中心带动区域，以小区域拉动大区域的现代谋略。

（一）SWOT整体判断

SWOT分析方法是一种确定自身优劣之势，分析竞争中的机会与威胁的科学的分析方法。其中，S代表Strength（优势），W代表Weakness（弱势），O代表Opportunity（机会），T代表Threat（威胁），S、W是内部因素，O、T是外部因素。按照企业竞争战略的完整概念，战略应是一个企业"能够做的"（即组织的强项和弱项）和"可能做的"（即环境的机会和威胁）之间的有机组合。

以淅川福森丹江农业生态园区为例，其具有自身发展的外部和内部优势条件，既面临千载难逢的历史机遇，也面对诸多风险挑战。园区考虑地理位置等不利条件，合理定位，选择产业方向和主导产品。结合河南福森药业集团的管理团队和营销队伍，建立一支具有广阔视野的管理队伍。把园区建设成为一个主打农业生产同时兼顾生态旅游、文化旅游，以及生态保护、湿地保护、科教一体的现代综合农业园区。

1.优势

（1）良好的生态环境和典型的水面小气候。规划区位于丹江口水库北岸，使得园区享有得天独厚的生态环境条件。园区面朝广阔水域，通风条件优良。由于水库大水域具有调温效应，使得园区冬季比同纬度地区温度高，夏季比较凉爽。同时，园区内地势走势是南低北高，大部分地块朝南，日照充足，和外界天然隔离，是发展以绿色和有机为主的精品农业的一块天然宝地。

（2）南水北调源头品牌效应。丹江口水库作为南水北调的中线源头，对环境保护和水体质量均有严格的要求。园区在发展有机农业的时候，可以主打丹江口水库这个天然招牌。

（3）企业的积极性和管理水平。生态园区的建设单位富森集团拥有较强的经济实力和管理经验，具有广泛的营销网络和队伍，积极推进园区建设。

2.弱势

（1）耕地利用限制因素多，特别是中低产田比重较大，耕地生产率低；土壤劣化，水土流失和土壤污染现象仍在发生。

（2）用水粗放，水土流失严重。在农业灌溉上基本仍采用大水漫灌的方式，灌溉水利用系数低，根据《南阳市水资源开发利用调查评价报告》，淅川县灌溉水利用系数在0.4以下，低于全国平均水平，跑冒滴漏严重，灌溉方式落后。由于连年耕种，且缺乏有效的水土保持措施，当地水土流失严重，特别是在坡耕地，土壤平均厚度不足30厘米，下面即是强碱性灰钙土。部分地块的土壤被侵蚀后，沙石化严重。

（3）农业生产方式落后。地块零散，导致农业机械化不足，人员思想陈旧，广泛缺乏有效的农民教育和农业技术支持。

3.机会

（1）中国关注食品安全。随着中国食品法律制度的不断完善，人民群众安全意识不断加强，绿色和有机农产品的需要日益增大，有机农业、生态农业、绿色农业的发展势头较好。

（2）丹江口水库旅游业发展。随着丹江口水库作为南水北调的源头出现在公众的视野当中，丹江口水库的旅游业发展迅猛。来自河南、湖北以及外国的游客被生态旅游吸引，近年来游客数量不断增长。

（3）国家注重丹江口水库的生态建设。在国家层面上，非常注重丹江口水库的生态和水保护的建设，政策向沿库保护区倾斜。积极配合国家的政策导向是引导园区发展的一个良好的机会。

4. 威胁

（1）周边人群消费能力。规划园区距离大城市较远，当地居民消费能力有限。这需要园区具有长期的全国的乃至全世界的品牌意识，树立品牌，拓宽销路，打开市场，定位高端人群，以产品定制、会员预订等模式建立销售渠道。

（2）中国同类园区的竞争压力。近年来，随着国家政策向农业倾斜，国家兴建了一批生态农业园区。这些园区具有淅川有机农业园区相似或者相同的功能，产品也会在同一市场里形成竞争。分析结果见图 6-3。

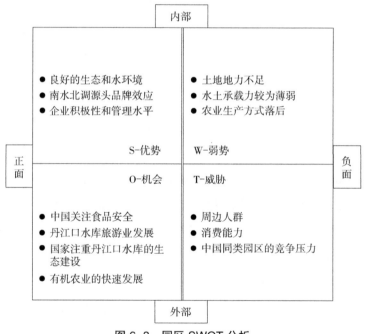

图 6-3　园区 SWOT 分析

（二）核心区空间规划

1. 规划结构

根据淅川自然资源勘察设计土地利用规划结构。"一圈"，以等高线 172 米为基础，建设贯通并串联规划区的公路环线，形成规划区联动空间格局；"两轴"，按规划产业重点发展方向和布局，在 A 区以规划东西贯通的丹江大道为主轴——为有机农业发展区东西发展主轴，B 区以规划南北贯通的福森大道为主轴——为绿色农业发展区南北发展主轴；"三片"，由丹江库区水系及周边路网共同形成划分为三个片区。A 区即为有机农业发展区，位于规划区北部，主要利用地理优势，发展有机农产品；B 区即为绿色农业发展区，位于规划区南部，主要利用优势耕地资源，发展绿色农产品，同时结合 170 米以下湿地资源，开拓生态环境资源，开发生态旅游产业；C 区即为生态景观区，位于规划区西部，利用三面水域和优越的自然环境，建设形成天然氧吧，调节小气候，结合发展生态旅游产业。

2. 空间布局

园区的空间布局概括为"五子登科"：山顶戴帽子、山腰建园子、山坡盖棚子、山根系带子、山水绿裙子。根据规划区域龙的地形、高程落差、库区建设的指导要求，遵照生态适宜原则，在不同海拔区域，布局不同的植被类型。从山顶到淹没区布置如下（图 6-4）：一是山顶戴帽子，即在规划区域的山顶坡度 25° 以上山地上，结合该区的土壤植被类型，以保护为主，建设生态林；二是在山腰建园子，坡度 7°~25°，以果品种植为主，满足有机和绿色生产及采摘、观光和体验的需求；三是山坡盖棚子，即在坡度 0°~7° 的耕地上建设设施农业，周年提供有机绿色农产品生产和体验观光等；四是在山根系带子，即在海拔 170~172 米沿线种植绿化树种，建设美丽的环山公路带；五是山水绿裙子，即在海拔 170 米岸线以下的消落区种植水生植被，发挥水土保持、美化环境的作用。

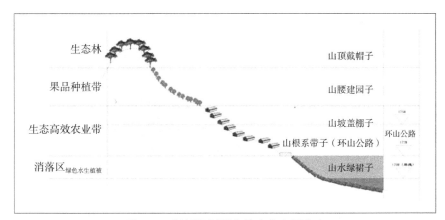

图 6-4　淅川规划区立体农业空间分布

（来源：作者自绘）

吉穴分析，南水北调，龙腾虎跃；自然法道，山环水抱。"东木西金，南水北火，土居中央"（图6-5），淅川园区五行相生图，水生木，木生火，火生土，土生金，金生水，阴极阳生。

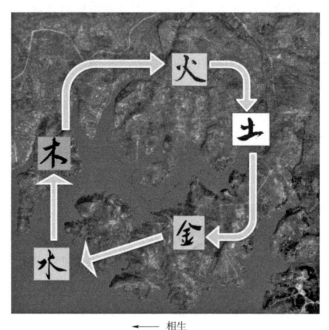

← 相生

图6-5　淅川园区五行相生图

（来源：多维信息平台自绘）

（三）基于"农业规划数字沙盘"的功能定位

依据淅川园区大功能区布局（图6-6），确定各分区功能。其中绿色农业区提供绿色农产品、农业体验、旅游观光、生产示范、技术培训等服务。有机农业区提供高质有机农产品，并且建设生态库区以及有机农业物流服务平台。综合构建良好的生态环境，为建设生态景观区提供条件，建设种植园、采摘园等项目，增强游客的休闲体验。大体从生产功能、生态功能、科技示范功能、生活服务功能进行定位。

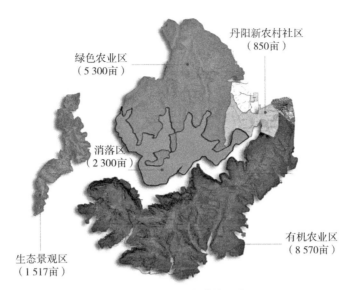

丹阳新农村社区
（850亩）

绿色农业区
（5 300亩）

消落区
（2 300亩）

有机农业区
（8 570亩）

生态景观区
（1 517亩）

图6-6　淅川园区大功能区布局

1. 生产功能定位

根据园区自然资源要素以及区位优势结合园区现有产业发展方向，因地制宜地进行集中布局。通过农业标准化生产，建立从"田间到餐桌"的直接食品供给链，为园区会员提供有机农产品，以满足高端人群的食物消费需求。如表6-1所示，其中重点按照务农型大田生产与创意型设施蔬菜和产业型有机食用菌基地建设为主，在保障基本粮食生产功能基础上，发挥创意作用，形成产业集聚作用。

表6-1　生产功能类型

建设名称	生产类型	生产功能
五谷杂粮精品园	务农型	大田作物
蔬菜精品区	创意型	设施蔬菜
食用菌科技园	产业型	有机基地

2. 生态功能定位

生态农业，首先是绿色农业，它在保护水源与空气的前提下谋求发展，绿植与产业的同步发展可以起到调节气候的功能，园区不但促进经济发展，还提供体验的过程，是集现代农业观赏文化于一体的新型产业，其功能类型如表6-2所示。观光农业是以农业活动为基础，综合经济、教育、游憩等功能为一体的新型产业。通过休闲度假，体验农事活动，感受大自然的乐趣，沐浴于阳光之下，舒缓身心，让城市居民享受耕种的乐趣、体验田园生活的惬意，解读农耕文明和民俗文化。其中重点建设湿地公园项目，在多维信息平台上模拟水位线变动情况（图6-7），据此布局环岛公路防护带，既发挥生态防护作用，也将绿化景观建设其中，实现了文化型的生态功能。

表6-2　生态功能类型

建设名称	生态类型	生态功能
消落区	科学型	水体保护缓冲区
湿地公园	文化型	生态景观建设、地球之肺
环岛公路防护带	科学型	绿化带防护区

图6-7　多维信息平台下的水位线高度变化对比

（来源：多维信息平台自绘）

3. 科技示范功能定位

现代农业集聚了新技术、新成果、新品种、新设备和现代化的经营管理模式，生态农业园区是先进技术和经营理念集成、创新和孵化的基地，是生态农业产业支撑社会主义新农村建设示范的样板，表6-3是具体示范类型及其功能。

表6-3　科技示范功能类型

建设名称	类型	科技功能
产品检验检测中心	产业支撑	产品质量检测、土壤、肥料养分检测等
有机肥料研究中心	产业支撑	针对园区土壤有机质及结构，对土壤酶活性以及作物品质、产量、抗逆性等进行研究
科技示范区	示范类型	主要集中展示科技成果、孵化基地

4.生活服务功能

生活服务区，集加工服务配套设施建设和居住科普示范职能于一区。其服务功能比较均匀地分布在大功能区内，生活功能主要集中在丹阳新农村社区（图6-8）。科普教育功能，通过展示现代农业科技成果，对学生和居民进行科普示范与教育作用，让城镇旅游人群了解农业、参与农业生产、学习农业科学知识，同时增强服务类建设功能，如表6-4所示。

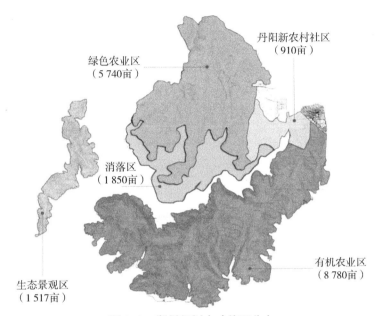

图6-8 淅川规划大功能区分布

（来源：多维信息平台自绘）

表6-4 生活服务功能类型

建设名称	服务类型	生活功能
加工区	配套设施	农产品初加工
仓储设施	储藏型	储藏
物流信息中心	交互型	搜集整理物流信息
管理用房	居住型	管理层、专家公寓

第七章

乡村空间规划之"向诀"

一、"取向"原义

向，就是朝向。向的本义是朝北开的窗子，可见先人在最初的时候就重视门户的朝向。风水家们利用罗经（罗盘）进行选址，或是对某建筑进行定向分金时，就是用罗盘观测方位和定向，从而建立相对坐标系，对穴场进行一些逻辑性的、适用性的分析和评价，判断周围的环境是否能够满足"聚气"的要求，即整个穴场是否能够满足人类生存的各种需要。

"取向"，是选择穴场的坐山朝向，风水学家在取向的时候最为注重"子午、壬北"以及"中轴"等要素，见图 7-1。向在朝向之余还具有中轴"适中居中"之意以及具有指向意义的风水改造功能。"取向"，在根据子午、壬北方位选定建筑物的朝向的同时，根据中轴原则等进行景观、建筑的补缺，使整体满足各方要求，风水和谐、协调发展。朝向凶吉的选择，多与自然因素有关，如采光、背风、排水等，其本质是对天文、地磁的选择。结合不同地区的条件和根本需要，不同的地区有不同的朝向模式。

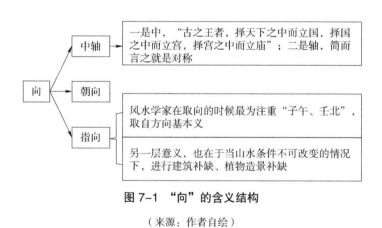

图 7-1　"向"的含义结构

（来源：作者自绘）

二、"向诀"新义

1. 现代"向诀"意义变迁

在当今乡村规划中，在原有的经典理论之上，着重以区域主导产业为主线进行规划方案布局，以科技、金融、企业、协会、农民五方博弈进行制度与机制创新。"取向"，不仅是简单的方向选取，而是对主要产业进行发展方向性规划，形成产业相生、生产链条循环、保障机制相互监督的产业路线图。即首先进行宏观规划，在对园区现状与条件进行分析后，充分结合园区资源优势，设立主体结构。拟定规划中心、核心功能区之后，接下来就要进行各个子功能区的具体产业路线设计思路的规划来实现总体的规划目标。综合之前考察分析的资源要素分配，分别从生态环境、农林牧副渔、旅游观光、特色产业、科技支撑和综合服务几大功能区进行产业规划。就如风水理论中的补缺方法，在园区规划中进行的这种 "产业补缺"，能更好地构建科学合理的规划体系、园区产业规划的合理布局、产供销一体化的链式机构的建立、农业观光与乡村旅游体系的建立、集约化生产经营体系的建立、生态景观体系的构建等，对整个园区的产业路线图进行产业补缺，达到和谐发展、区域共赢的目标。

以五行生克规律为园区规划指向，考虑相生即共赢关系。农业产业在选取以及布局的时候要尽量选取产业能够相互合作，或是从原料生产、产品加工、市场销售到废弃物处理等环节之间能够循环相接的。例如乡村布置了养殖产业，那么在养殖区下游地带选择建设沼气能源产业，直接解决了养殖区产生的粪便，同时也解决了沼气能源生产的原料供给。使园区内产业路线一致，推进园区内部自循环建设以及外部产业协作发展。

2. "向诀" 新义之产业结构

产业规划就是对产业发展布局、产业结构调整进行整体布置和规划[①]。产业结构是指园区内各部门之间的相互组成关系，合理的产业结构是各生产部门之间相互促进，生产部门与流通环节形成产业链条集产销于一体的结构模式。合理的产业结构决定园区长远发展的潜力，能够增强园区的经济竞争力、社会影响力以及生态保障力度。产业布局是根据规划范围内区位功能定位以及比较优势理论和增长极理论等进行具体产业布局。

三、规划实践案例

向，是指导规划进行的指示方向，既要结合政策导向也要立足规划区域自然、社会、经济条件，突出地方特色，按照点线面结合、整村推进、全面受益的思路，处理好人地关系、农业发展和生态建设的关系，以生态环境保护为前提，生态资源为基础，生态农业产业为支撑，将农业可持续发展战略融入综合性乡村规划建设之中。

向不仅是布局方向的要求，还是建设对称等形态上的要求。更重要的是对规划区

---

① 吴扬，王振波，徐建刚.我国产业规划的研究进展与展望 [J].现代城市研究，2008（1）：6-13。

域内产业发展方向的导向作用。根据淅川农业园区产业布局绘制产业技术图（图7-2），实现农业产业链生产、加工、销售的链条化发展，将生产功能、生态功能、示范功能、服务功能以及休闲功能相融合，构建集约化生产经营体系，对园区产业查缺补漏，推进整体协调发展。

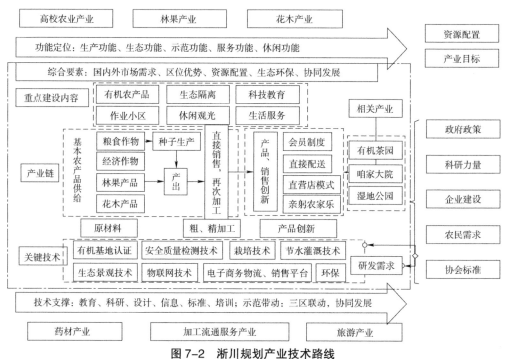

图 7-2　淅川规划产业技术路线

（来源：作者自绘）

（一）产业选择

在产业选择上遵循向的循环相生要求，力求做到产业链协调共享，相互促进发展模式。

1. 高效农业

农业上选取培育有机农产品，实现产业化生产与经营，形成从有机肥生产、蔬菜育苗、种植、采收、加工、包装，到仓储、物流、配送的整个产业链全部自主运营管理的有机农业生产模式。重点发展有机杂粮、有机蔬菜的种植，建立与有机农产品加工业发展规模相适应的有机生产基地，打造有机农产品及其加工产品的国内外知名品牌，建成有机食品生产加工基地和有机农产品交易市场及物流集散中心。

主要有机产品包括油菜、杂粮、蔬菜、食用菌、茶叶。产品面向高端用户、高端人群，按照会员制进行营销。以会员制（Membership）"从农场到餐桌"直供配送（Directed Selling Model）与直营店销售（Marketing Shop）为主要市场经营模式，即不经中间环节，将农场生产的新鲜有机农产品直接配送到消费者手中，以减少中间管道成本和避免可能的间接污染，使消费者以低于市场同类产品的价格，从生产者手中直接得到新鲜的有机农产品。

2. 林果产业

结合传统果园以及设施果园，兼顾旅游观光、休闲体验等功能。围绕果品生产，把林果区建成一个四季花开不完、四季水果不断的集生产、观光、采摘多功能于一体，融科普教育、示范推广为一身的四季园区。

3. 苗木花卉

绿化上充分利用项目区处于南北气候过渡带的地理优势，选取适宜淅川生长的花卉品种，结合企业产业特色，以繁育生产绿化苗木花卉为主，为周边提供绿化苗木、花卉种苗，并通过四季花期的安排种植各类花卉和具有观赏和经济价值的薰衣草（图 7-3），建设风景宜人的观光度假基地。其中秋海棠开花周期长，适宜夏季观赏；海棠花开鲜艳富贵满堂；棠棣之花意喻兄友弟恭，使人心旷神怡。

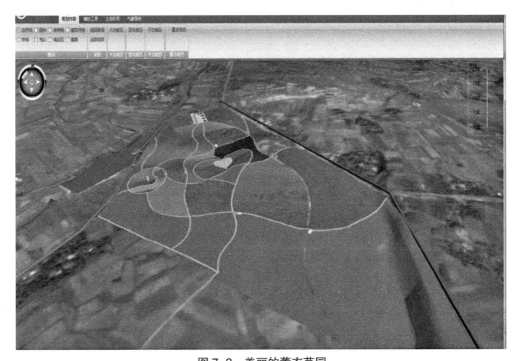

图 7-3　美丽的薰衣草园

（来源：多维信息平台自绘）

4.药材产业

选择适应气候、地质条件、药业大量使用的品种或者市场前景好的中药材20种左右。建成以丹参、金银花、板蓝根等品种为主，芍药、牡丹等观赏性中药材为辅的规范化生产基地。

主要进行各种中药材良种的繁育与种苗生产，包括进行各种中药材良种的选育等，以提高各种中药材品种的纯度，加快良种的繁育速度，提高产品质量和生产效益。

5.加工流通产业

为了加强园区内各加工流通企业的协调发展，建设集加工—仓储—物流于一体的综合服务型产业链条。

6.旅游产业

按照生态农业的要求，在兼顾园区生态保护、农业发展的基础上，合理有序地对园区旅游资源进行开发。重点放在生态农业旅游。目标定位于建立一个具有生态观光、生态采摘、生态农业实践、农家乐、文化旅游等的全方位旅游服务园区。开发消落区湿地公园，细化、深化消落区各功能分区，形成有机农业园区消落区的岸线与水体保护与利用开发规划。

（二）产业布局

产业布局直接影响园区的形态、结构以及耕作半径，所以要在规划中对其进行重点关注。当前农业生产趋向高效化、规模化、现代化，所以在布局的时候要充分考虑各个要素的集聚作用，保障农业生产质量以及环境安全，同时加强有机农业、设施农业的高效示范作用，推进农业经济长足发展。最后关注基础设施建设布局，满足居民的生活现代化需求。图7-4为淅川园区的产业功能区分布，将主要分析绿色农业园区和有机农业精品区的产业布局。

1.绿色农业产业布局

绿色农业主要布局在园区B区（图7-5），分别建设蔬菜基地、咱家农院以及基础大田种植，淅川地区主要种植小麦、玉米。发挥原有小麦种植优势，集中耕作。同时和玉米等作物轮种，既保证土地产量最优化，也合理分配施肥种类，有效保护土壤肥力。蔬菜基地发挥水资源优势，发展名、优、特色蔬菜品种。

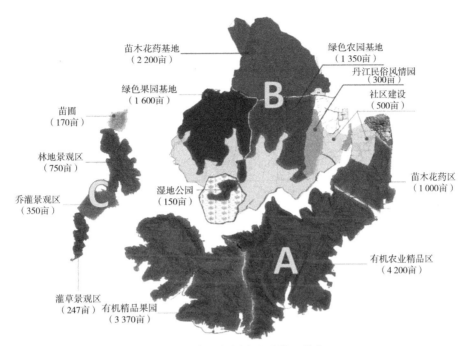

苗木花药基地
（2 200亩）

绿色农园基地
（1 350亩）

丹江民俗风情园
（300亩）

社区建设
（500亩）

绿色果园基地
（1 600亩）

苗圃
（170亩）

林地景观区
（750亩）

乔灌景观区
（350亩）

湿地公园
（150亩）

苗木花药区
（1 000亩）

有机农业精品区
（4 200亩）

灌草景观区
（247亩）

有机精品果园
（3 370亩）

图 7-4 淅川规划产业功能区分布

（来源：多维信息平台自绘）

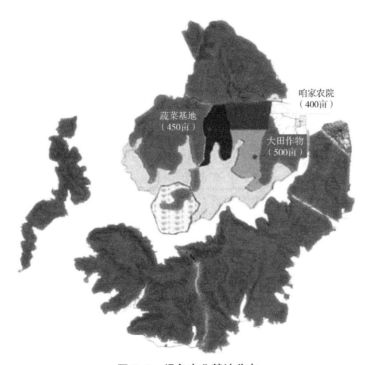

咱家农院
（400亩）

蔬菜基地
（450亩）

大田作物
（500亩）

图 7-5 绿色农业基地分布

（来源：多维信息平台自绘）

2. 有机农业产业布局

有机农业产业分布在 A、B 两区，表 7-1 可见，主要建设包括有机农业区、有机花木区、有机林果区以及科技示范、综合服务和休闲旅游产业。

表 7-1　有机农业建设及其占地面积布局

产业名称	建设内容	占地面积（亩）	产业名称	建设内容	占地面积（亩）
有机农业区	五谷杂粮	1 500	科技示范产业	良种繁育	100
	蔬菜	2 000		综合示范	2 000
	食用菌	300	综合服务	贮藏库	
有机花木区	花木苗圃	1 000		冷藏库	
	百花园	300		气调库	
	百草园	280		有机茶园	
	薰衣草	700		有机农业加工	
有机林果区	百果科技园	780	旅游产业	湿地公园	
	软籽石榴	2 000		景观设施	
	有机梨	500		码头服务区	
	有机香榧	500		北门服务区	
	有机鲜枣	500		西门服务区	

如图 7-6 所示，有机农业区主要保障园区内五谷杂粮高效优质生产，同时进行初加工以便园区直接销售。同时提高蔬菜精品产业建设以及有机茶园、食用菌产业建设，发挥地区优势构建综合性产业。如图 7-7 所示，有机花木区主要建设观赏性花木和药用性草药种植区，布置百花园和百草园，提高园区经济作物效益，与百果园一起构成既能生产又具有观赏作用的多功能产业集群。综合考虑三种主要有机农业产业布局（图 7-8），建设配套综合服务区，主要建设简易贮藏库 2 000 平方米，贮藏能力 5 000 吨；通风贮藏库 2 000 平方米，贮藏能力 5 000 吨；贮藏能力 2 万吨冷藏库，建筑面积 1 万平方米；1 座 5 000 吨气调库，面积 2 000 平方米。其中旅游产业并不单独设区，而是分布在其他高效农业、苗木花卉、中药材产业区、林果产业区四个区域，并建设湿地公园、码头服务区、北门服务区、西门服务区等。在保证发展基础大田作物的同时，大力推进多元产业结构、立体布局，使园区产业综合长效发展。

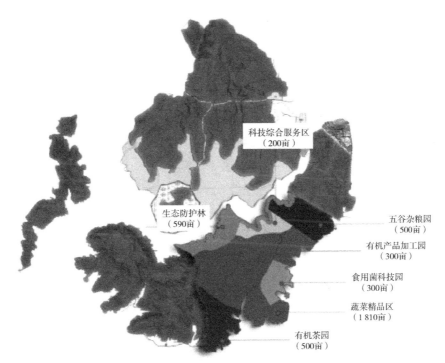

图 7-6　有机农业区布局

（来源：多维信息平台自绘）

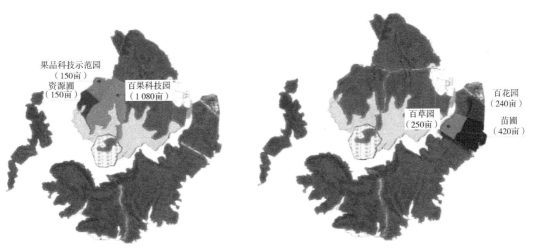

图 7-7　有机果品和有机花木布局

（来源：多维信息平台自绘）

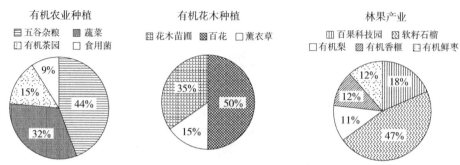

图7-8　三种主要有机农业产业内容分布

（来源：作者自绘）

3. 其他基础设施布局

建设现代化垃圾处理机制，分布于整体园区之中。在规划区 A 区东北角，规划建设垃圾分类处理厂，用于分类处理全园生产生活所产生的垃圾；在 A 区、B 区以及 C 区分别规划建设垃圾收集站点，用于分类收集各区产生的生产、生活垃圾；最后在三区各布置 1 辆垃圾运输车，用于将各处垃圾收集运输到垃圾收集站点和垃圾处理厂，进行集中处理或回收应用。

第八章

乡村空间规划之"图诀"

一、"图诀"

"气寓于形",一个好的规划必须能够以实体图形用灵活的方式呈现出来。"图要灵"是现代信息技术和地理信息技术在规划方法论创新上的集大成者,生动表现规划的情景是"图诀"中"灵"的核心要义,通过数字沙盘实现多维空间的规划情景推演。

传统的平面设计本身就是符号的表达方式,起着沟通人们与文化、信息的作用。平面设计的三大要素即文字、图形、色彩,三者在平面设计中起着不同的作用,互为补充。一般来说,图形以其不可替代的形象化特征成为平面设计中的视觉重点,图形所传递信息要比文字更直观,更快速,越是富有意境性的图形越能抓住观者的视线。相比较一般的平面效果图,三维动画的全景规划展示图和效果图具有如下优点。

(1)避免了一般平面效果图视角单一,不能带来全方位感受的缺憾,本机播放时画面效果与一般效果图是完全一样的。

(2)互动性强,可以由客户操纵从任意一个角度互动性地观察场景,犹如身临其境,最真实地感受最终设计的结果,这一点也不同于缺少互动性的三维动画。

(3)价格仅比一般效果图略高,相比动辄每秒几百元的三维动画来说可谓经济实惠,而且制作周期短。

(4)全:全方位,全面地展示了360°球形范围内的所有景致;可在案例中用鼠标左键按住拖动,观看场景的各个方向。

(5)实:实景,真实的场景,三维实景大多是在照片基础之上拼合得到的图像,最大限度地保留了场景的真实性。

(6)360°:360°环视的效果,虽然照片都是平面的,但是通过软件处理之后得到的360°实景,能给人以三维立体的空间感觉,使观者犹如身在其中。

二、4.n 维空间信息理论

对于多维空间定义,"维"是一种度量,0维,没有长、宽、高,只有单纯的一个点;一维空间只有长度,是一条线;二维空间是平面世界,只有长度和宽度;三维空间是具备长、宽、高的立体世界,是我们能亲身感觉到、看到的客观存在的现实空间,三维空间是点的位置由三个坐标决定的空间。数学、物理等学科中引进的多维空间概念，均是在三维空间基础上所作的科学抽象。四维空间是一个时空的概念，日常生活所提及的"四维空间"，大多数都是指阿尔伯特·爱因斯坦在他的《广义相对论》和《狭义相对论》中提及的"四维时空"概念，宇宙是由时间和三维空间构成。从四维上的某一点分出无限多的时间线，构成了五维空间，即平行空间的概念。理论上维数具有 N 维，量子物理已经证明了十一维空间的存在。

基于以上理论，乡村资源的多维信息理论如图 8-1 所示，也是一个多维的理论架构，其中的第一维度中，都存在着一个共性的因素，即 N 维度其所在空间包括的信息。传统的乡村规划以二维的研究为主，多表现为静态的规划，随着学科的发展，逐渐向三维空间转变，而乡村资源的优化配置具有时间调控的属性，四维的时空概念已被众多实践者实现，体现了动态规划的理念。而事实上，乡村规划是先期的指导和方向性的指导，一旦实施，时空是不可逆转的，不当的规划将导致农业资源的重大浪费和决策的重大失误。因此，从理论上就需要出现时空的推演，即五维平行空间概念的出现，通过乡村资源时空配置上的数字沙盘推演，以虚拟的方式提供若干种可能的方案供决策参考，乡村规划的多维推演是介于四维时空和五维平行空间之间进行的，故统称为4.n 维空间，这一点，已经在建筑和军事等领域上被广泛应用（图 8-1）。

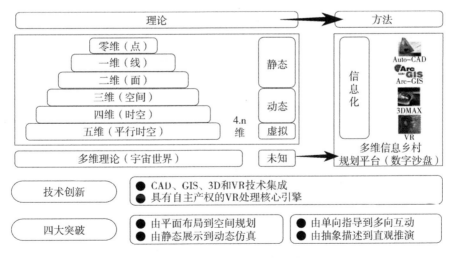

图 8-1 4.n 维空间信息理论

（来源：作者自绘）

在方法学上，随着信息科学和计算机科学的发展，相应的技术手段逐渐成熟，以区域主导产业为主线进行规划方案布局，以政府、科技、金融、企业、协会、农民六方博弈进行制度与机制创新，以 CAD（平面设计）、GIS（地理信息系统）、3-D（空间实体模型）和 VR（Virtual Reality，虚拟可视化）技术集成进行效果展示的规划设计思路与方法成为乡村规划学科研究的重点和方向，也为基于多维信息的乡村规划提供了坚实的技术支撑。

三、数字沙盘技术

数字沙盘（Digital Sand Table）是基于 4.n 维空间信息理论，大量运用高科技展示手法，声、光、电、互动项目、三维动画、影视等现代视觉效果，结合趣味性、互动性与知识性，寓展于乐，实现了与观众的"互动革命"。数字沙盘设有控制系统，包括总体控制，厅内照明、灯饰、计算机、电视机、VR 操作台以及空调等强弱电系统，既可按照预先编制的运行程序自动运行，也可结合 AR、MR 技术人机互动，沉浸式操作体验（图 8-2）。数字沙盘与传统沙盘模型可以进行无缝结合，表现效果更为优美、逼真，具有更强的动态性、交互性和可延展性。其系统特征如下。

《后汉书·马援传》中记载：汉建武八年（公元32年），光武帝征伐天水、武都一带地方的豪强时，大将马援"聚米为山谷，指画形势"，使光武帝顿有"虏势在吾目中矣"的感觉。

图 8-2　数字沙盘模型

（来源：作者自绘）

（1）真实模拟地形。按比例尺精确制作，能形象、立体展示山地、河流、城镇、交通和单位部署及行动方案，不仅有使用价值，且有装饰和欣赏效果。

（2）智能动态显示。采用不同颜色灯光，通过单点、群点、长亮、闪亮及流水式显示等方法，有明显的动态效果。

（3）多功能控制。采用计算机编程和控制，实现声音、视频等多种技术、手段的综合运用，既可用鼠标、键盘控制，也可遥控或触摸感应式控制，还可通过 PDA 漫游控制，且各种接口具有开放性和扩充性，便于今后修改或增加。

（4）综合演示。系统运用多媒体和信息技术，实现声、光、电、文字、图像等分别通过灯光、音响、等离子（液晶）显示屏、计算机屏、投影、报警器等予以同步综合演示。

（5）操作简便。通过选点控制技术，地图漫游功能、数据库技术、关键词控制、网络兼容及软件优选等技术，能够快速查询和演示用户有关目标要素、部署、行动方案等文字、表格、图形、图像等资料，并可及时打印和编辑。

（6）运用广泛。系统可用来研究地形、确定部署、进行规划、指挥调度、研究方案、展览展示、广告宣传等。

四、4.n 维空间乡村规划平台

国家对统一规划体系提出以下要求："坚持开门编制规划，提高规划编制的透明度和社会参与度。健全公众参与机制，坚持问需于民、问计于民，广开言路，广泛听取人民群众意见建议。综合运用大数据、云计算等现代信息技术，创新规划编制手段。充分发挥科研机构、智库等对规划编制的辅助支持作用[1]。"

通过十余年的不断总结、提升与完善，由中国农业科学院农业经济与发展研究所乡村规划创新团队负责自主研发的"4.n 维空间乡村规划平台"取得系列关键性技术突破，开发出了比例尺 1：10 000 的县域、1：5 000 的农业园区和 1：2 000 的现代农业企业 3 个空间尺度的乡村规划数字沙盘系统及其触屏演示版本（图 8-3），在方法论上实现了由平面布局到空间管控、由静态展示到动态仿真、由单向指导到多向互动、由抽象描述到直观推演的突破。

---

[1]　资料来源：《中共中央　国务院关于统一规划体系更好发挥国家发展规划战略导向作用的意见》。

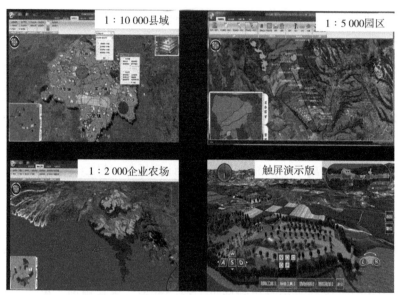

图 8-3　不同空间尺度乡村规划平台产品类型

（来源：作者自绘）

1. 系统开发架构

本系统开发架构示意如表 8-1 所示。规划平台的决策支持系统是基于 B/S 网络结构模式使用三层开发架构设计而成，三层架构技术包括 Model 层、Controller 层和 View 层。其中 Model 层是基于 SQL Server 2010 和 LINQ 高效查询技术的数据模型；Controller 层是基于 C# 编程语言和微软 API 技术的业务逻辑处理；View 层是基于 ASP.net、XML 和 JQuery 技术的信息管理界面。

表 8-1　系统开发架构示意

HTTP、FTP 通信
INTERNET 信息服务器
View 层 基于 ASP.net、XML 和 Jquery 技术的信息管理界面
Controller 层 基于 C# 语言和 API 技术的业务逻辑处理
Model 层 基于 SQL Server2005 和 LINQ 高效查询技术的数据类型
SQL BUILER DbHelper
Database SQL Server 2010
OS（WINDOWS）

（1）View 层。主要针对使用者的用户操作界面的用户图形层，显示关键数据，可接收使用者的录入提交数据，在 ASP.net 中，此层主要包括了 .aspx，.ascx，母版页，Web 页面表单页。

（2）Controller 层。这是系统的核心业务部分，包括服务接口层、业务逻辑层、数据访问层，主要是接收或返回 UI 模块传输的数据，并调用 Data 模块来实现 UI 模块的请求。在 ASP.net 中，此层主要包括 sqlClient，01eDb 从 sql 或 access 数据库提取数据。

（3）Model 层。这是系统与数据库交互的模块。主要是进行数据的查询、增删改等操作，当然也有存储过程的调用。在 ASP.net 中，通常它是一个 sql 或 access 数据库，或者 Oracle，mySql 或 xml。

2. 系统技术流程

本系统的技术流程如图 8-4 所示，采用当前代表信息系统开发方向的浏览器 / 服务器（B/S）模式，以 WEB 为基础，支持多种硬 / 软平台，统一的浏览器界面，操作简单，采用许多动态技术，如 JAVA、ACTIVE-X、ASP、JSP、CGI 等实现数据库操作等交互式的应用功能。

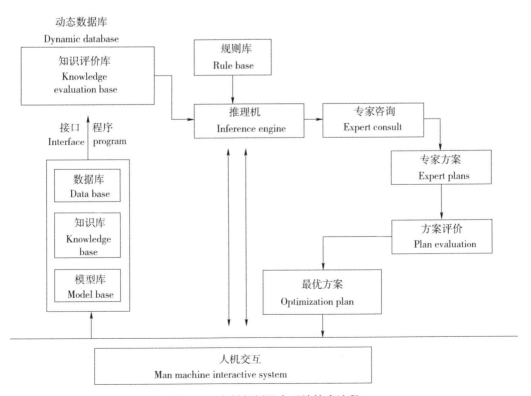

图 8-4 乡村规划平台系统技术流程

与传统的客户机/服务器系统相比，B/S 的三层结构的 Browser/Server 系统有下列优点。

（1）客户端界面程序简单化。客户端运行是 HTML 浏览器解释执行软件如 Internet Explorer 或 Netscape Navigator 等，界面相对稳定一致。通过一个浏览器就可以访问多个应用服务器，使开发人员在前端减少了很多工作量，集中精力搞好数据库的开发工作。

（2）客户端不需要安装除浏览器以外的其他软件。程序位于服务器一端，浏览器根据用户请求直接将结果下载到客户端，减轻了客户端的维护工作，软件的更新也不涉及用户，具有很好的扩展性和可塑性。

（3）加快了程序信息的更新与发布。所有复杂的数据计算和数据处理都在服务器端的应用模块上完成，在客户端和服务器之间传递数据只有计算条件和计算结果，降低了网络通信量，加快了网络通信速度。

（4）系统具有可移植性。当服务器端程序改变时，客户端只作少量修改就可以，不影响系统的整体结构，解决了 C/S 应用中存在的客户端跨多平台的问题；适用于网上信息的发布。

3. 系统功能模块

系统搭建技术框架如图 8-5 所示。系统的主体功能模块包括数字地形导入与解析处理、三维地形场景再编辑、实时三维场景规划、平面规划信息处理、3D 基础资源库、图形输出和分析结果输出六大部分，并完成了三个空间尺度的系统模式构建。

（1）数字地形的导入与解析处理模块。如图 8-6，本功能模块负责接收处理国内现有常用的 GIS 数字地形数据，如 DEM、DWG 等，将这些数据直接转换为三维网格并对深林、湖泊等属性进行自动生成复原，目的是直接复原原始地形，后续的三维规划工作是在复原后的地形基础上开展进行。

当执行菜单或按钮中的"导入地形"功能并选择一个地形数据文件后，系统会自动对地形数据进行解析，然后生成三维地形高层信息。

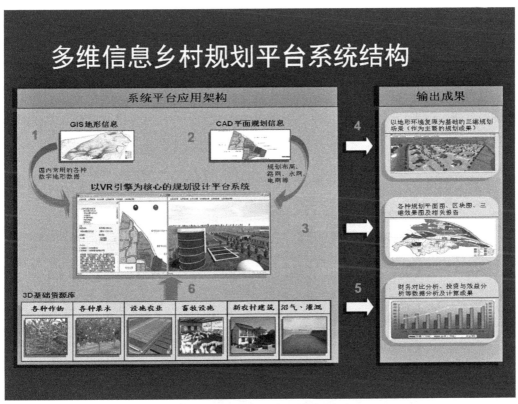

图 8-5　乡村规划平台系统技术框架

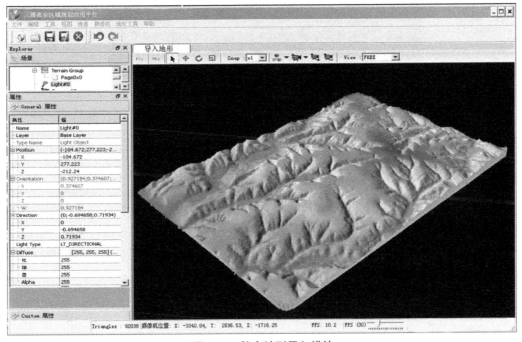

图 8-6　数字地形导入模块

（2）三维地形场景再编辑模块。如图8-7，用户可以对导入后的三维地形场景纹理进行再编辑处理，用户点击菜单或按钮中的"地形编辑"功能，系统会自动将三维纹理地形变为网格地形，用户可以通过左侧的属性定义窗口对网格中的任意一点进行高程的调整和定义，从而改变地形的高低变化。也可以通过右侧的纹理窗口为地形表面附加草地、沙地、深林等不同的表面纹理，从而使得地形的三维表现更接近于原始状态。

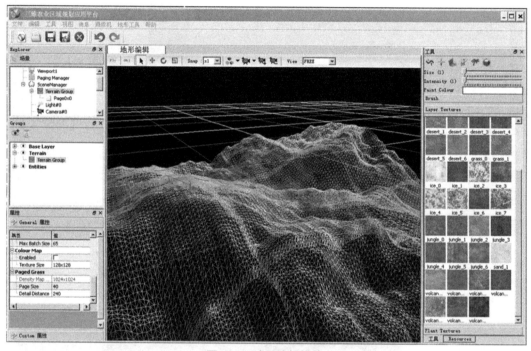

图8-7　地形编辑模块

（3）实时三维场景规划模块。本功能模块是系统的核心功能，如图8-8所示，用户可以选择菜单或按钮中的"场景渲染"功能，在已经形成的三维地形基础上进行三维的农业规划工作。

用户可以通过右侧的资源模型窗口选择需要的分类及该分类下的三维模型，通过鼠标拖放放入地形场景中，然后点中该模型，通过左侧的属性定义窗口完成对该模型的大小、方向、高低等定义，以此类推可以在本功能模块实时互动地完成所需要的农业三维规划工作，并导出三维场景动画。

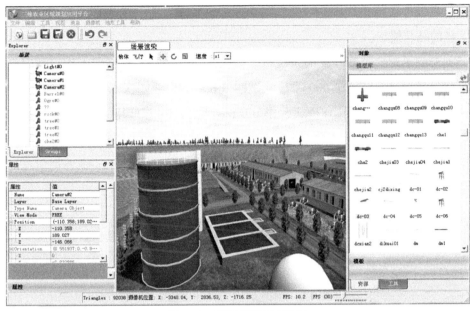

图 8-8　实时场景规划模块

（4）平面规划信息处理模块。如图 8-9 所示，用户选择编辑菜单或按钮中的"平面规划"功能后，系统会提供一个简易的平面图形绘制工具，用户可以通过右侧的绘图工具完成农业规划中的平面资源分配图的绘制工作。同时用户可以通过左侧的信息录入窗口完成平面对规划内容的文字说明信息的录入处理。

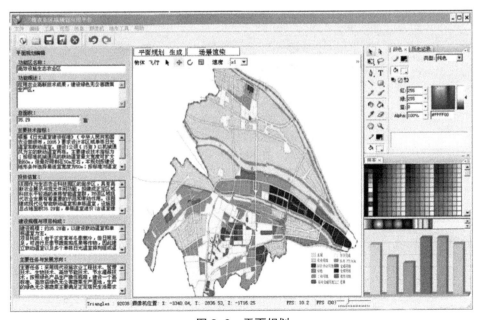

图 8-9　平面规划

用户通过该功能模块中的"生成"功能可以实现对所绘制的平面规划内容及文字规划信息的结合输出。

（5）完成了 3 个空间尺度的系统构建模式。结合乡村规划实践工作，利用规划平台系统建立了比例尺 1∶10 000 的县域、1∶5 000 的农业园区和 1∶2 000 的现代农业企业 3 个空间尺度的系统构建模式，作为乡村规划实践推广应用的模板。

1∶10 000 的县域系统开发模式（图 8-10）：基于河北肃宁现代农业产业发展总体规划构建，在大量叠加农业基础信息数据基础上，实现各种基于三维地理信息的农业信息统计分析处理，实现标绘、测距、面积等工具系统功能。

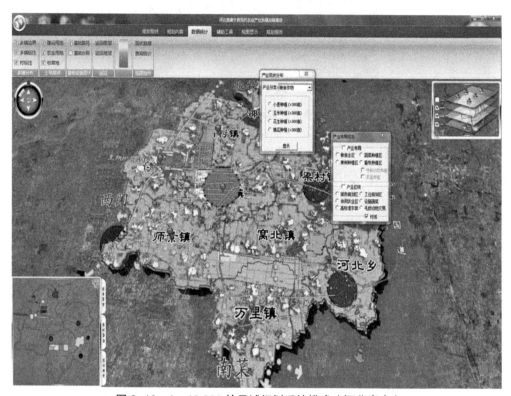

图 8-10　1∶10 000 的县域规划系统模式（河北肃宁）

1∶5 000 的农业企业农场开发模式（图 8-11）：基于陕西铜川耀州生态农业科技园区规划构建，利用金字塔分层算法实现超大规模数字地形的导入与展现，实现多场景的分割动态加载，实现复杂场景的无限加载处理，实现了动态导航控制。

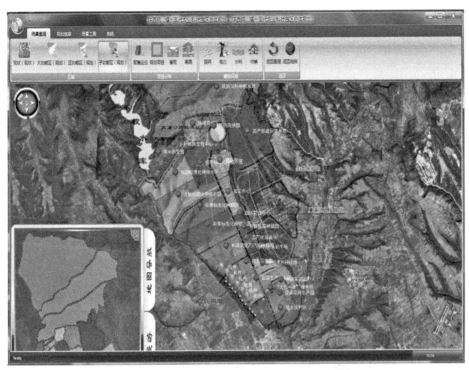

图 8-11　1 : 5 000 的农业园区系统模式（陕西铜川耀州）

1 : 2 000 的企业农场（图 8-12）：结合河南福森丹江生态农业产业园区规划构建，实现了水文条件的园区规划设计体现、GIS 地块信息全面叠加处理、气象信息的载入与应用、淹没分析功能的应用等功能模块开发。

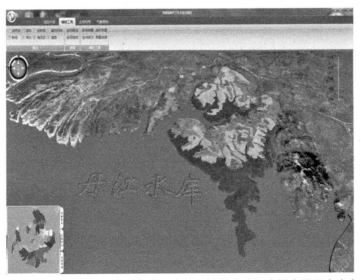

图 8-12　1 : 2 000 的现代农业企业系统模式（河南福森丹江水库）

4. 系统操作要求

乡村规划平台系统开发了两个版本（图8-13、图8-14），分别是办公版和触控版。办公版注重资源统计、分析、查询，触控版运行在带有触控屏的系统硬件上，注重规划成果展示。

图8-13　办公版空间农业规划系统界面

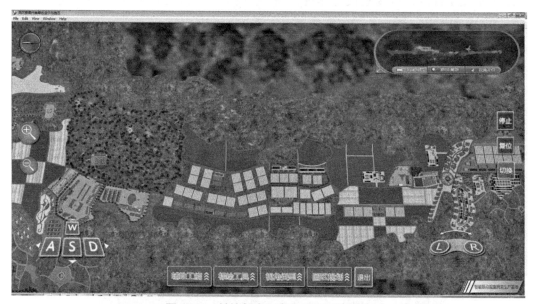

图8-14　触控版空间农业规划系统界面

系统运行环境包括软件环境和硬件环境。系统硬件环境由数据存储设备、计算分析设备和网络设备构成，系统软件环境主要由计算机操作系统构成。系统客户端运行环境要求如下。

CPU：最低要求 1.5GHz；

推荐：Intel Core I5 处理器及以上；

内存：最低 RAM 要求 1 028Mb；

硬盘：需要 10Gb 以上的可用空间；

显示：需要 700MHz/1 600MHz 1Gb/128bit 以上显卡；

推荐：GTX750 显示芯片及以上；

鼠标：Microsoft 鼠标或兼容的指点设备；

触控设备：最少支持两点触控屏（系统触摸屏版需要）；

OS：Windows XP Professional 简体中文版、Windows7 旗舰版简体中文版及以上。

5. 技术创新点

（1）VR 处理核心引擎实现了多维信息的整合应用。多维处理技术应用的核心是对信息维、时间维、空间维和资源的整合应用，而实现这一处理的关键在于有一个可以进行信息载入、解析、叠加、整合的工具系统——多维 VR 处理系统，通过专门开发的 VR 核心处理引擎，实现了对规划目标区域多维空间的构建，实现了信息要素、时间要素与多维空间要素的叠加和融合，通过功能组件的应用完成诸如三维 VR 形式的规模成果展现、时间空间结合的规划方案表达、自动的图件生成、自动的投资收益生成等多维规划成果的输出，应用方法如图 8-15 所示。

图 8-15 VR 处理核心引擎示意

实现了 CAD、GIS、3D 和 VR 技术集成。系统集成 CAD、GIS、3D 和 VR 三维虚拟现实技术，并开发实现了以下功能（图 8-16）。

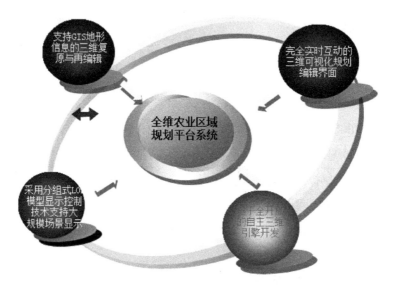

图 8-16　全维农业区域规划平台系统技术示意

首先，支持 GIS 地形信息的三维复原与再编辑。系统将支持国内常用的大多数 GIS 数字地形数据的直接导入，对原有地貌特征进行三维复原，可直接支持的地形信息有 DEM、AutoCAD Dwg、PNG RAW 灰度高层等。

乡村规划编制的基础是目标区域的基本现状，更重要的是基本地理现状，规划目标所处的地形地貌环境（平原、山岭、沟谷、丘陵等）及周边的地理环境（河流、湖泊、交通干线、电力基础等）将直接影响区域规划的功能布局，因此采集目标区域的基础现状信息并尽可能地进行自动化复原，在复原的基础之上开展乡村规划工作至关重要。

结合多年规划实践工作经验，地方客户可能具备的基础地理高程信息一般有比较标准的 DEM 高程数据、AutoCAD 的 DWG 平面设计数据、通过第三方机构生成后得到的 PNG RAW 等高程影响数据这三大类，针对这三大类数据分别开发了对应的数据导入及生成转化系统程序，从而实现三维地形的导入和生成工作。与此同时，为了解决生成的基础地形信息准确度的偏差问题，开发实现了三维可视化的地形再编辑功能模块，允许规划编制人员对地形进行手动修改和调整。

其次，采用分组式 LOD 模型控制技术对所管理的场景模型进行显示控制。在确保显示效果的前提下，最大化提高显示的范围，支持规划级别的场景大范围显示的需要。

乡村规划所面向的区域范围从企业到园区到县域甚至更广大的范围，从而要求系统所涵盖的规划内容既有微观细节又要有宏观场景，这就要求系统的地形、模型、资源信息的承载量要足够大，甚至是无限量的。在本系统的资源管理体系中，创新性地将八叉树算法同资源模型的加载进行了结合，解决了资源对象的加载和显示实现动态分组 LOD 控制，使得无论是大规模场景还是微观细节场景都能够流畅显示，降低了对系统硬件的要求，提升了推广应用的可行性。同时在基础地形、地面覆盖影响图的加载上采用了与 Google 地球类似的金字塔分层切割瓦片化加载模式，从而实现了无限数量级的区域地理信息的加载与表现，以此来解决超大规模区域和场景的规划应用问题。

最后，完全实时互动的三维可视化规划编辑界面。支持在全三维可视状况下进行乡村空间规划和区域编辑，以三维所见即所得的交互方式完成三维规划工作任务中的地形处理、植物作物配置、设施摆放、环境控制等。基于此规划场景编辑器，规划编制人员可以非常轻松地实现一个乡村规划基本设计理念的三维场景构造，大部分需要的规划表达信息都可以通过导入、选取、摆放、调整来完成，这种实时、可视化、快速的工作模式为规划编制人员之间及规划编制人员与专家客户需求方的直接交互提供一个良好的平台，从而将传统的 "自上而下" 的乡村规划工作模式变革为 "自下而上" 与 "自上而下" 相结合，促进规划理念与实际需求的有机结合，提高规划编制的水平。

（3）自主三维引擎开发全开放。系统的开发基于具有自主知识产权的三维开发引擎，技术基础上不受制于第三方，从而确保所计划的各项功能开发目标能顺利完成，避免后续的产品开发风险，提高产品开发的可延续性。所谓的三维引擎是所有基于三维技术进行开发的软件系统的框架基础，内部封装了系统开发所需要的核心的功能特性集合，作为核心的技术创新点之一，本系统应用自主的三维引擎主要有如下的创新特性。

首先，引擎基于 C++ 编程语言以底层 OpenGL2.0 函数库为基础进行基本功能框架的搭建，在此基础上融合了全开源的 OSG 三维渲染库、加工改造了 OSG earth 地球表现体系，从而形成了一套具有全部源代码和自主知识产权、专门用于支持乡村规划业务的三维引擎。

其次，引擎在框架设计上全面支持同 ArcGIS 进行信息互通共享及功能调用，从而在乡村规划领域内首次实现了将 ArcGIS 所制作、保存的各种区块管理信息直接导入三维空间内进行对应表现，并取得与之相关的各种统计数据。

最后，引擎在结构设计上采用复杂底层高级封装、功能接口简单易用的原则，这样既满足了未来随着业务需求的增加能够对底层功能内容进行持续的完善更新，也满足了上层业务可以通过简单的功能接口调用和组合而完成业务功能的搭建的要求（表 8-2）。

表 8-2 部分关键性能指标

分类	项目	性能指标	备注
数据导入	DEM 地形数据的导入处理	<1 秒	每万三角面
	Raw 地形高层图解析	<2 秒	每万三角面
三维表现处理	100 万面以内规划场景启动加载	<60 秒	单一场景
	模型组件导入时间	<1 秒	
	场景编辑器编辑状态帧率	不小于 10 帧	
	视角移动动态处理帧数	<6	范围值在 6～20
总体	系统启动时间	<5 秒	标准要求硬件
	连续稳定工作时间	>1 天	
	动画生成意外中断数据可修复性	可修复	

6. 应用场景

中国农业科学院农业经济与发展研究所是中国农业科学院直属的专门从事农业经济研究的国家级公益性科研机构，乡村规划智慧平台是农业经济与发展研究所为服务乡村振兴战略而重点集成开发的 4.n 维空间乡村规划智慧平台（图 8-17）。该平台是国内第一款基于多维信息处理技术的农业规划应用平台，利用大数据智能化分析与决策、动态模拟推演与展示、空间多向规划与互动等功能，为全所技术经济、产业经济、区域经济和乡村发展服务地方发展提供技术支持和平台支撑。目前该平台已成功应用到广东中山港口镇、陕西铜川印台区和耀州区、河北肃宁、天津滨海新区龙达、贵州乌当和凤冈等 10 多个农业规划中，获得地方一致好评，效果显著。该平台可以推广到全国 2 800 多个县域规划和数以万计的 "三园一体"、休闲农业庄园和企业农场等的经营管理之上，也可延伸推广到农村城镇化和美丽村镇的规划应用中，是体现 "四化同步" 的实用载体，具有较强的实用价值和广阔的市场前景。

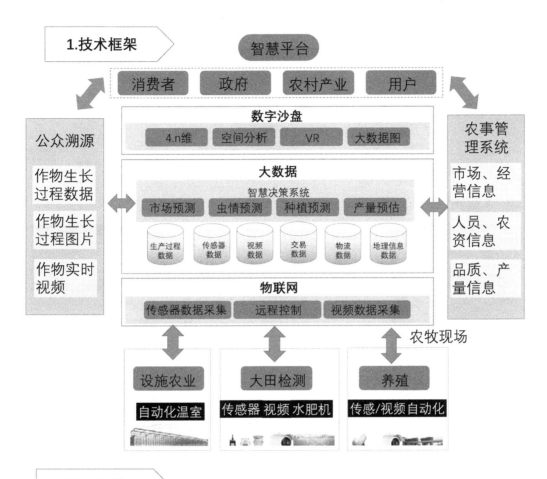

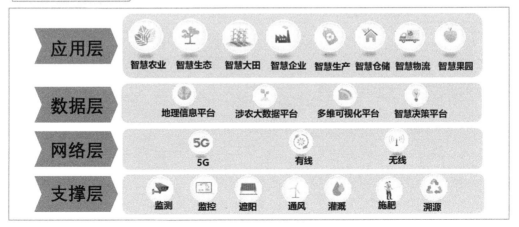

图 8-17　4.n 维空间乡村规划智慧平台

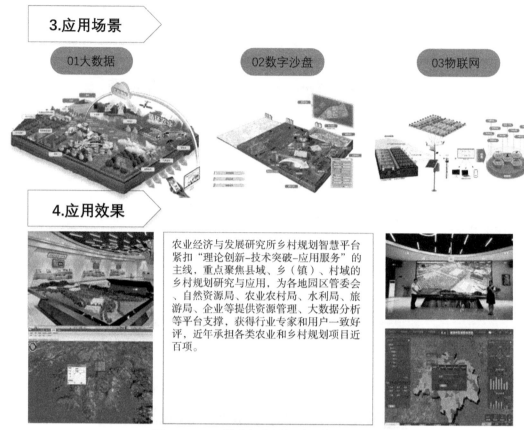

图 8-17 4.n 维空间乡村规划智慧平台（续）

第九章

展　望

一、研究与实践总结

"风水"理论根植于传统哲学和中华文化的根系之中，其中蕴含着扎实的农耕文明和先人对自然哲学的朴素认知。而其中一些神秘色彩的解读，其实是落后的科技无法解释一些现象的产生，使文化在转变成实践活动的过程中产生了偏差。客观上，最早的"风水"理论可追溯到祖先根据山形水势选择理想的居住地，并逐渐记录、总结出的一些习俗和规律，是伴随着人类劳动和认识自然、利用自然，自主选择更加适宜的居住环境而产生的经验汇总。随着"风水"理论的不断发展，由于科技发展水平的限制无法解释一些现象的产生，以及古代封建统治者的愚民政策使得"风水"理论披上了迷信的外衣。所以当今的研究更要去伪存真，弘扬"风水"理论中有益的精华，为乡村规划做出指导。

乡村规划在发展中面临着诸多的问题，造成了人地关系失衡，带来了许多生存和环境问题。既然西方规划指导思想建造的钢筋城市已经出现了问题，那么转向寻求中国传统风水"天人合一""万物相生"的理念未必不是一个新的机遇。现今诸如建筑风水学、园林风水学等学科也逐渐兴起，在城市布局、建筑设计、景观生态等领域广泛运用。运用"风水"理论形势派的选址布局方法结合当今可持续发展、生态文明的规划理念，达成乡村规划选址科学，资源配套，环境美观，产业路线发展态势良好的结果，势必能带来人与自然的和谐发展，促进乡村建设的良性运行。

"风水"理论是个不断发展的理论体系，在其发展的过程中总是伴随着批驳与修正，也正是这样的历程，才让它历久弥新，不断地发展壮大起来，不断被注入新的内涵。对于"风水"理论的研究与应用，一定要建立在取其精华、去其糟粕的前提之下。利用"风水"理论中天地人相和谐的理论指导乡村规划的实践，在乡村规划领域开辟出一条兼具中华传统与现代科学完美结合的新思路。

本书研究的创新点在于，首次将"风水"理论应用到乡村规划之中。运用"地理五诀"中"龙、砂、水、穴、向"五种相地、选址、布局的方法为当今乡村规划提供有益借鉴，指导乡村的标准化规划。本书基于"地理五诀"对乡村规划的要素标准提出纲要进行指导。归纳提出规划"六诀"，即在乡村规划实践中，依托"风水"理论，以"龙"作为政策定势的依据，以"砂"进行自然资源分析，以"水"进行流动要素配置，以

"穴"确定空间布局功能，以"向"规划产业路线特色，以"图"进行多维空间的情景推演。

（1）"龙"：政策定势。一方面取政策之意，一方面取定势之意。乡村规划既要以对政策的分析和解读为纲，也应以市场需求为目，为规划项目献策定势。

（2）"砂"：自然资源。对乡村的基本自然要素勘察并分析。

（3）"水"：流动资源。对乡村的社会要素以及流动要素配置勘察并分析。

（4）"穴"：空间布局。确定核心区并结合以上要素的分析成果进行空间布局与功能定位。

（5）"向"：产业路线。选择因地制宜的产业及合理规划产业布局，构建产业技术路线图。

（6）"图"：情景推演。以数字沙盘为核心技术实现多维空间的规划情景推演。

乡村规划，不仅要注重政策导向、产业规划和科技发展，更要注重生态环境和农民生活。建立"风水"与现代乡村之间的联系，转变传统理念，符合未来乡村发展的趋势，能为美丽乡村愿景和人与自然的和谐共生开辟新的思路。

二、未来研究展望

在基于"风水"理论乡村规划"六诀"的研究探索之中，本书主要采用了"地理五诀"的相地要素，但是对于博大的"风水"理论来说这只是一隅。下一步将加强易经、易学的研究，特别是要重点研究易经的术数关系，建立"风水"理论纵向体系，使逻辑构成更加完满。同时在横向上，应该加强对"风水"理论与其他学科的有益借鉴，尤其是结合建筑工程和城乡发展等学科的研究成果，全面解析"风水"理论的现代意义。

规划"六诀"对乡村规划实践提出了方向规范，下一步希望能通过更多的实践检验，使其更加完善，未来希望能在具体的规范步骤上进行更深入的标准化研究，使其更具现实的指导意义。

在乡村规划上，本书虽然借鉴了多维信息技术进行研究，但是也只是达成了在"风水"理论指导下对淅川园区的选址、勘察、布局与产业的对应指导研究分析，对于规划后具体实施建设过程以及用户反馈评价还有待进一步认识完善。未来还要加强"风水"理论与乡村规划之间的一整套"咨询前端—规划建设—项目评价"的体系建设研究。

期待进一步加深"风水"理论的现代性适应研究，让更多的人能够了解到"风水"理论之中精华的部分。将中国古代的优秀经验传承并发扬光大，为文化中国的建设添砖加瓦。同时对新时代乡村规划的标准化建设及其完整体系的构建略尽绵薄之力，促进乡村规划的良性发展。

附录 1

风水理论演变脉络

1. 蒙昧起步时期——商周

客观上，最早的风水理论可追溯到祖先根据山形水势选择理想的居住地，并逐渐记录、总结出的一些习俗和规律，是伴随着人类劳动和认识自然、利用自然，自主选择更加适宜的居住环境而产生的经验汇总。春秋战国时期是中国学术史上的繁荣活跃期，不仅产生了百家争鸣的哲学思潮，更是诞生了《周易》《道德经》等经典论著，这一时期的思潮奠定了中华传统文化的内涵，其中对于自然认知的阴阳五行以及天干地支等学说为我国风水体系的形成打下了坚实的基础。考古成就发现，仰韶文化时期的原始部落大多处于环水的高台地之上，暗合了风水理论中的"风水宝地"的基本观念。以西安半坡村遗址的排布为范式（附图 1），所有遗址的地理位置都在浐水以东，渭河上游的黄土高原。遗址中的房屋整体建筑走势都是以依山向水为原则的，每个个体亦都形似山形，这种走势和排列既能挡风又适宜采暖；聚落的建筑群体选地在河畔的高台上，形成居高临下之势，也兼顾生产和防洪；同时居于河流交汇之处不但为农业生产创造了条件，也为生活和交通提供了便利。跳出局部，放眼整体，半坡遗址的布局特点恰恰符合了风水理论中"阴阳相生""水抱山环"的基本风水观念。

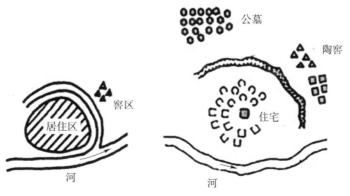

附图 1　西安半坡遗址的择址特点

2. 多样化探索时期——秦汉

秦汉时期的地理学、天文学以及术数得到了极大的发展，随着蔡伦改造造纸术，《水经》《太初历》《九章算术》《黄帝内经》等大量科学著作得以传承。人们对于风水体系中不同哲思和理论也有了更详细的研究和应用，其中《淮南子》卷三《天文训》"天地之袭精为阴阳，阴阳之专精为四时，四时之散精为万物[①]"，逐渐确定了阴阳五行的概念和生克原理（附图2）。在工具应用上，随着《地理秘抄》首次提出了"二十四山向"方位说，并随之打造了六壬式盘等风水工具。六壬式盘上为天盘为圆，下为地盘为方。天盘中心是北斗七星，内圆为十二个月，外圆为二十八星宿；地盘以"二十四山"为依据，由十二地支加八干四维组成。据《汉书·艺文志》目录记载，这一时期的风水著作还有《辞徒法》《图宅术》《宫宅外形》等风水方位书，但均已散失，总体来说秦汉时期逐步完善了风水体系中的方法论与认识论。

附图2　五行分属阴阳图

（来源：作者自绘）

3. 环境形胜宗派意识初现——魏晋南北朝

魏晋南北朝时期，战乱纷繁朝代更迭频繁，虽十室九空使得中原腹地饱受摧残，但是由于频繁的南北渗透，各种文化要素相互交融，代表人物是管辂和郭璞。陈寿在《三国志》魏书中提到："华佗之医诊，杜夔之声乐，朱建平之相术，周宣之相梦，管辂之术筮，诚皆玄妙之殊巧，非常之绝技矣[②]。"管辂其人，精通术数通读《易经》，善于仰观星辰俯察地理。著有《管氏地理指蒙》《周易通灵要诀》等集大成之作。郭璞，被称为风水学鼻祖，据《晋书》列传中《郭璞传》记载"公以《青囊中书》九卷与之，由是遂洞五行、天文、卜筮之术[③]。"郭璞不仅通晓风水、历算，且是东晋时著名的文

---

① 刘康德.淮南子鉴赏辞典 [M].上海：上海辞书出版社，2012。

② （晋）陈寿，王灵善，宋艳梅注析.史著选集卷：三国志 [M].太原：山西古籍出版社，2008。

③ （唐）房玄龄.晋书 [M].北京：中华书局，1974。

学家，其编著的《葬经》对风水进行了深入浅出的阐释，同时还系统地总结了具体的相地方法，为风水裁定定义；"夫阴阳之气，噫而为风，升而为云，降而为雨，行乎地中则为生气。""气行乎地中，其行也，因地之势；其聚也，因势之止[①]。"介绍了风水理论的核心"气"，在自然认知和地理总结的现实基础上提出理论逻辑关系，逐渐形成了较为系统的风水理论。这一时期由于南北迁徙、风水理论的壮大、工具的多样化创新等因素，风水学逐渐产生了不同的派别与发展方向。

　　4. 流派纷呈大放异彩——隋唐宋元

　　隋唐、宋元时期国家趋于稳定，疆土不断扩大，不论是政治制度、宗教传播还是文化发展都取得了繁荣、昌盛、灿烂的改革与创新成果。经隋朝过度，唐宋时期的风水理论达成了第二次飞跃式发展，基本形成后代今日可考的风水理论体系。唐代著名的三位风水大师分别是占卜预测大师袁天罡，天文气象大师李淳风以及观天相地大师杨筠松；宋代有杨筠松高徒曾文遄，理气代表赖文俊等，见附表1。随着时代工艺的发展，这一时期的风水工具更加完备，将二十四山与指南针理论相结合，形成了包括正针、缝针、中针之论的罗盘，并在实践中发现磁偏角说，丰富了风水体系中的立向理论，对于天文地理研究具有直接的促进作用。此外，佛道儒三家的不断融合，均相互带来了新的启示，新的流派层出不穷。

附表1　唐宋风水理论大家及其著作

姓名	著作	主要研究方向
袁天罡	《推背图》《五行相书》等	运用周易八卦推演世事发展，相传其与李淳风一写一画推断李唐王朝及其后2 000余年的更迭
李淳风	《甲子元历》《乙巳占》等	首提将风定为八级："一级动叶，二级鸣条，三级摇枝，四级坠叶，五级折小枝，六级折大枝，七级折木，飞沙石，八级拔大树及根[②]。"
杨筠松	《疑龙经》《撼龙经》《葬法》等	被称为"杨救贫"，主论地理形势，强调"寻龙到头""结穴形势"等理论，开创了我国风水理论中的"形势派"
曾文遄	《寻龙记》《阴阳问答》等	继承杨公寻龙一脉，在游历过程中发现一风水宝地，创建"三寮"（三僚）村，是现存最完整最著名的风水文化村
赖文俊	《催官篇》《四元天星》等	又称"赖布衣"，主修方位八卦与阴阳二气，是我国"理气派"的重要代表

---

① 周文铮等注释.《地理正宗》白话对译注释本 [M].南宁：广西民族出版社，1993。

② （唐）李淳风.乙巳占 [DB/OL].中华典藏，https：//www.zhonghuadiancang.com/xuanxuewushu/yisizhan/。

5. 不断完善臻至大成——明清

明清时期是我国科技、文化、产业集大成的时代，这一时期涌现了许多风水学著作，对整个风水体系的理论进行了整理与明晰。明代的《永乐大典》，清代的《四库全书》等大型丛书，均将风水作为专有一脉进行了整理收录，《四库全书》的总编辑纪晓岚还为《葬经》做了评注。刘伯温著《堪舆漫兴》成为峦头派的代表作之一，蒋平阶著《水龙经》，赵九峰著《地理五诀》《阳宅三要》，叶九升著《地理全书山法大成》，尹一勺撰《地理四秘全书》，蒋国宗撰《地理正宗》等。在应用实践上，明清时期的风水实践保留最完整，从整座北京城的规划，大到选址、布局、朝向、中轴，小到亭台楼阁无不精心运用风水知识进行吉凶分析、规划建设。举世闻名的圆明园、颐和园等皇家园林也处处透着风水理论对营建实例影响的魅力。

纵观风水理论的发展历史，其与农村、农业以及规划营建行为，有着内在的必然联系，本书从分析赵九峰先生的《地理五诀》入手，结合形势派的理论，研究探讨风水与乡村规划的关系。

附录 2

以气为宗的"形、法、日"学说

在风水理论体系中具有"空间"和"时间"两大维度,"空间"包括阴宅、阳宅和家居装饰,"时间"则在于择日、占吉和灾害预警等。风水理论的发展在历朝历代有着不同的侧重点,其理论逐渐发展成为一个庞大的体系,同时也标志着风水体系日臻完善,清人赵九峰在《地理五诀》序言中提到,"自古言地理者三:日家、形家、法家。三家之学,各极精微,如合一辙[①]。""形家"注重方位上的信息;"法家"是理气派,注重星相术数占卜口诀方面的原理;而"日家"比较特殊,常用于官府皇家,凡建宅、修缮、搬迁时都要选择吉日,所以日法又称"择日法"。三家虽各言其法,但其实质都是以"气"为宗,其异同大体如下。

理气派将河图、洛书、阴阳、五行、八卦等理论都纳入理气的原理,形成了十分复杂的风水学说。清人胡煦将奇(阳)偶(阴)从小到大地连起,表明的是阳气和阴气自内而外、往复循环的一个发展变化过程,这也是理气派重要的理论支撑。

何谓形势?《葬经》中说:"千尺为势,百尺为形。"注曰:"千尺言其远,招一枝山之来势也。百尺言其近,指一穴地之成形。"从尺度上来说,势有千尺,形有百尺,形势具有大小关系。在范围上,势是宏观的、系统的,所以"寻龙先分九势"。形是微观的、具体的、形必欲止、形必能藏的空间结构,所以形势具有相互辩证关系。总体而言,形是对势的总结,势为远,而形为近;势为群体,而形为个体;势无常态,而形有大、小、圆、扁、直、曲、方、凹等模式。生气顺势而行,遇形而止,正是"形止气蓄,化生万物,为上地也[②]。"以"人"之需而随势聚气,并辐射生发形成的古代城镇及其建筑,极具"人情味"且顺应了和谐发展的要求。

形势派重视"龙、砂、水、穴、向",把地形地势的特征形象化,进行以类譬喻、以形立名的具体风水实践活动,大体细分为:峦头、形象和形法三个分支。《地理五诀》是形家的代表作之一,本书以其为主要研究对象,探寻风水理论与乡村规划的契合点。

---

① (清)赵九峰.绘图地理五诀 绘图校正集新堂藏版 [M].北京:华龄出版社,2018。
② 佚名.黄帝宅经 插图全译 [M].北京:九州出版社,2001。